孤独中遇见更好的自己

左小祺 著

中国财富出版社

图书在版编目（CIP）数据

孤独中遇见更好的自己／左小祺著．—北京：中国财富出版社，2018.12（2020.4 重印）

ISBN 978－7－5047－6817－9

Ⅰ.①孤… Ⅱ.①左… Ⅲ.①成功心理—通俗读物 Ⅳ.①B848.4－49

中国版本图书馆 CIP 数据核字（2018）第 276031 号

策划编辑 李彩琴　　责任编辑 戴海林　孟　婷

责任印制 尚立业　　责任校对 刘瑞彩　　责任发行 杨　江

出版发行 中国财富出版社

社　　址 北京市丰台区南四环西路 188 号 5 区 20 楼　　邮政编码 100070

电　　话 010－52227588 转 2098（发行部）　010－52227588 转 321（总编室）

010－52227588 转 100（读者服务部）　010－52227588 转 305（质检部）

网　　址 http://www.cfpress.com.cn

经　　销 新华书店

印　　刷 北京京都六环印刷厂

书　　号 ISBN 978－7－5047－6817－9/B・0550

开　　本 635mm×890mm　1/16　　版　　次 2019 年 1 月第 1 版

印　　张 16　　印　　次 2020 年 4 月第 2 次印刷

字　　数 178 千字　　定　　价 42.00 元

ERKE

愿你历尽千帆仍是少年 / 孟庭苇

第一次见到小祺的时候，站在我面前的是一个充满阳光、活力四射的少年。用“少年”来形容他最合适不过，因为他是一个如孩子般纯真的人，他有着真诚的笑容、帅气的容颜以及不羁的个性、乐观的心态。他总能给人一种超乎寻常的感染力。

我总是开玩笑说他是一个心理年龄只有十六岁的少年，然而这个少年，却有着超越年龄的智慧。他思想独特，写文角度新颖，笔下的故事真实而纯粹，扣人心弦，引人共鸣。

文字和音乐都是有生命力的，每个人都可以在文字与音乐的圣洁之地寻找内心的一片安宁。

今年，小祺的新书以孤独为主旨，通过叙述他的成长故事，让我们看到了一个“90后”作家的心路历程，也让我们更好地思考孤独所带给我们的真正意义。

愿小祺在文字与音乐里继续独行，去感受内心的充盈和生命的繁华，历尽千帆，仍是少年。

孟庭苇

台湾著名歌手、玉女歌手掌门人。

代表作品有《风中有朵雨做的云》《冬季到台北来看雨》《羞答答的玫瑰静悄悄地开》《谁的眼泪在飞》《你看你看月亮的脸》等。

孤独的人都是幸福的 / 田永清

我喜欢有思想的年轻人，他们有着青春的活力、独立的人格以及无可限量的未来，左小祺就是这样一个人。
小祺是我认识的年轻人中少有的对文学如此热爱的人。他很勤奋，也很努力，每天都会读书写作，而且每年都坚持读至少50本书。这让我很震惊，也很欣慰，我想，这正是他拥有独立思想的原因吧。

拥有独立思想的人一定是孤独的，但也一定是幸福的。因为孤独是幸福的人引以为傲的状态，不从众，不羡慕，不被外界的喧嚣扰乱内心的秩序，他们可以很从容地处置自己的时间，按照自己喜欢的方式度过自己的人生。
左小祺正是如此，积极而稳健，温和而坚定，众声喧哗而不盲从，世事无常而有见地。

现在的社会中，很少有人造访自己的内心，静静地梳理过往，是生活太忙碌还是心情太浮躁？或许是因为恐惧和不忍面对过去，甚至是因为想要得太多而付出得太少。在小祺的文章中，我却看到了久违的感动，与其说他在书写故事，不如说他在书写自己的心路历程。小祺他不讲大道理却总能让人在他笔下的故事中感悟出深刻的道理。每个人的一生，都该是独一无二的，无论哪种生活，都要自安其心。这是我从小祺身上得出的最朴实的道理，也是我欣赏他的地方，因为一个人的贫穷不是指没有丰厚的财产，而是指没有强大的灵魂。

我相信那句话：时间自有偏爱。

生命有无数的可能性，你的梦想还在沉睡，为什么不把它唤醒？愿那些追寻梦想的人们，可以在小祺的书中找到前进的动力，从容地安顿生命中的孤独，遇见更好的自己。

田永清

1940年生，18岁加入中国共产党。1993年7月被授予少将军衔，1998年10月后任中国人民解放军原总参谋部兵种部政委，正军职，2001年5月退休。

曾连续十多年到总参大学生训练基地作报告，还到北京大学、中国农业大学、原解放军外国语学院等多所大专院校作专题报告上百场，均得到高度评价，被中央军委原副主席迟浩田上将誉为“军中儒将”。

代表作品有《将军与大学生十日谈》《将军与士兵十日谈》。

孤独是人生的必修课 / 许辉

感谢小祺的信任，邀请我为他的新书作序。

还记得在小祺上一本书《还我一个飞扬跋扈的青春》中，他以风趣幽默的语言勾勒了一个个感人的故事，读之让人感叹青春无涯、梦想如歌。时光如梭，距离他上一本书的出版已经有一年了，今得知小祺又要出新书，我不禁满怀期待。

我与小祺是在几年前的一次青年作家会议中认识的，他举止大方，思维也非常活跃，很高兴后来与他成为谈诗论道的朋友。当然，小祺让我欣赏的地方不单是他清秀的面容和青春的活力，而且还有他对文字的执着与思想的丰富。他善于观察生活的真相，并擅长以不同的视角思考人性的两面，他是一个用心去感知世界的人，喜欢以真实的故事来书写这个社会。

我读了他的文稿，感受颇深，他对青春的理解，对孤独的剖析都深刻到位，并能让人产生共鸣。小祺是一个处于青春时期的孤独者，孤独不是他的姿态，而是他的心境，不是离群索居，而是独立思想。他的孤独是他选择的消遣方式，因为他可以在孤独中自成世界，以自己喜欢的方式与这个喧嚣的生活泰然相处。他笔下的故事贴近生活，让人很容易看到自己的影子，希望处于迷茫中的人，可以在这本书中挖掘出生命的营养，走出精神的荒凉。

孤独是人生的必修课，没有人能替你经历，愿每个人都能成为自己的阳光，明媚不忧伤。

许　辉

安徽省文联副主席，安徽省作家协会主席，中国作家协会全国委员会委员，中国作家协会全国散文委员会委员，茅盾文学奖评委。

代表作品有《飘荡的人儿》《夏天的公事》《尘世》《人人都爱在水边》《每一个日子都温暖如春》等。

目录 Contents

那时年少

好的孤独

学会成长

那时年少

如果学不会独处，那你就永远是一个寂寞的孩子

经常有人问我，当你独处的时候，你感到寂寞吗？

在很多年之前，我非常害怕寂寞的感觉，独处时做什么事情都提不起兴趣，强迫自己去做点事情，却又发现自己就像一个失眠患者，全然一副精神恍惚的样子。

寂寞是一种焦灼的感觉，就像身处不属于自己的舞台，面对千万双眼睛不知所措，想逃又逃不掉，只能窘迫无助地企盼快点结束这场表演，而事实往往是，演出才刚刚开始……

为了摆脱这样的困顿，年少时的我只想去找朋友玩耍，骑着自行车，无论多远我都不会觉得累，因为只有和朋友在一起我才能放飞焦灼的心情、安顿迷茫的心灵。

那时的我正处于青春期，喜欢闹市，喜欢讲哥们儿义气，喜欢所有高亢的音乐……但无论如何，我都逃不掉一个人的夜晚，寂寞在黑暗中发酵，让我辗转反侧，难以入眠。

相信很多人和我一样都有过这样的感受，困顿于灵魂的黑夜、精神

的荒凉，虽躺在不同的床榻，却是一样的无助。

我一度认为自己是个喜欢热闹害怕孤独的人，但不知从什么时候起，我却喜欢上了独处。或许是随着时间的推移，年龄的递增，阅历的丰富，慢慢习惯了独处的感觉；又或许是我的天性使然，骨子里就是个喜欢孤独的孩子。

我妈说我从小就是一个孤僻的孩子，不喜欢与陌生人交流。

在我三四岁的时候，有个叔叔拿着一个橘子问我：想不想吃？

我不说话，直接伸手去拿。当我快要拿到橘子时，那位叔叔故意把手举高，对我说：叫叔叔，叫叔叔就给你吃。

我还是不说话，踮着脚去够，够了几次发现够不到，就头也不回地走了。

叔叔看我转身走了，急忙追在我身后说：给你，给你。

我就当没听见一般，理都不理。

叔叔追过来把橘子往我的手里塞，我偏不拿，一副不可一世的样子，叔叔只好把橘子塞进我的口袋，而我却直接掏出来扔在了地上。

当时我肯定在想：不给吃拉倒，我不喜欢叫的人我就不叫，宁可不吃了我也不叫。

从小我的骨子里就有一种倔强。

就因为这种倔强，我妈还怕我得孤僻症，经常引导我说话，让我见到长辈要打招呼，见到熟人要问好，但她后来发现，我在亲近的人面前根本就是口若悬河的样子，所以现在每当我在妈妈身边念念叨叨，我妈就不耐烦地说：闭嘴，上一边玩去……

如今，回头细数这二十多年的变化，似乎我从未改变当初的模样，我还是小时候的样子，与不熟悉的人依旧少言，但与熟悉的朋友在一起，总是连半句话也落不下。那些让我局促不安的日子只是发生在青春期综合征爆棚的那几年，未来的迷茫、眼前的困顿以及身体的第二次发育等因素交织在一起，让我对寂寞有了深刻的印象，但除了那段时间，我天生就是一个喜欢孤独的孩子。

很多人把孤独和寂寞等同相看，但我觉得并非如此。

孤独不等于寂寞，两者的不同主要在于思想是否具有丰富性。思想丰富的人对于独处有近乎贪婪的偏爱，会非常享受与自我相处的时间，而思想贫乏的人面对独处却呈现相反的态势，他们会因精神的空洞引发内心的荒凉乃至生命的虚无感，使自己陷入一种无所事事、百无聊赖的无助中难以自拔。

如今，如果有人问我，当你独处的时候，你会感到寂寞吗？

我想我会孤独，但不会寂寞了。这么多年的生活经历，让我对于独处这件事越来越从容淡定。

任何事物在绚烂至极后都会归于平淡，说话如此，处世也一样。我觉得，如果你学不会独处，那你就永远是一个寂寞的孩子。

生命本就是孤独的存在

生命本就是孤独的存在，或许每个人都渴望拥有一个属于自己的世界，不被打扰，不被约束，不被规定，可以在这个世界中随心所欲，无拘无束，不受限制。

所以当有人追根究底地问我：你是从什么时候开始喜欢上独处的？我想，应该是当我拥有自己独立房间的时候吧。

在我小学四年级的时候，老家翻盖房子，从那时起，我才有了一间属于自己的房间，虽然只有七八平方米，只能容下一张床和一个书桌，但那已经让我非常开心了，因为终于有属于自己的空间了。

或许从那时起，我就慢慢喜欢上了独处的感觉。

小的时候，我的父母对我管教很严，尤其在功课方面，我做完作业也要继续看书，寒暑假也不例外。每当这个时候，我心里就特别委屈，别的小伙伴都在外面玩耍，我却在家里看书，越想越难过，因此，那时的学习效率特别低，很多时候看书都是为了应付父母。

也就是从那时起，我开始讨厌一切走形式的东西，记得毛泽东同志曾说过：形式主义害死人。果真没错！就像我坐在书桌前走马观花看了一上午书，或是写了一上午字，但却很少记在心里，只是为了用这一上午的“学习”假象来告诉父母：我学了一上午了，下午可不可以让我出去玩一会儿。

后来，我觉得，这种状态完全是在浪费时间，与其把时间浪费在应付父母上，还不如做一些让自己开心的事情。于是，我把自己反锁在屋子里，这让我感觉特别有趣。

我不知道拥有一个属于自己的房间是不是一件孤单的事，但我从未因此而觉得害怕，相反，它让我变得更有安全感，不仅因为它可以让我躲避父母的责骂，还因为它可以让我摆脱自欺欺人的愧疚感。

我喜欢一个人躺在床上想一些天马行空的事情，我会把自己想象成电视上的某位英雄，我会思考当我长大后要变成一个什么样的人，我会想等我变强大了如何报复欺负过我的同学，我还会想如何才能引起班里最漂亮的女同学的注意……尽管那时我只是一个上小学四年级的孩子。

妈妈的敲门声经常会打断我的胡思乱想，那时我就会蹑手蹑脚地从床上下来，故意移动一下椅子，使椅子发出点声响让妈妈听到，制造一种我坐在书桌前学习的假象，然后再打开房门。

妈妈总是问我：你锁门干什么？

我说：我不喜欢被打扰。

是的，我不喜欢被人打扰，并不是怕被人打扰我学习，而是怕被人打扰我的精神空间。这是我从小就习惯的事，类似于一种生活本能。

当然，我的童年也不仅只有独处，我还有很多小伙伴，而且，与躲在房间里胡思乱想相比，我还是更喜欢与小伙伴们在一起玩耍。

踢足球是我最喜欢的运动，一群小伙伴找一个空地就能踢得热火朝天。那时的足球还是奢侈品，谁能拥有一个足球就可以握有至高无上的权力，可以决定谁上场踢球，谁踢哪个位置，谁去当守门员。

很多时候，为了能踢前锋的位置，我们都会百般恭维拥有足球的那个人。如果他对我说：小祺，你和我一块儿踢前锋。那时我就会很开心，就像被教练认可了的菜鸟球员一般，非常重视这来之不易的机会；但如果他对我说：小祺，你去守门。我心里会很失落，但又不能不服从，要不然连上场的机会都没有了。

当然会有不能上场的时候，比如我曾在日常生活中不小心得罪了拥有足球的那个人，他为了报复我，在踢球的时候，故意不让我上场，我也只能蹲在一旁默默观看，心里一直咒骂那个可恶的家伙。虽然当时我感到特别孤单，但为了尊严又不能显露，只能高傲地仰起头，装作满不在乎的样子。

那时的我们，会因为踢进一个球而开心好多天，也会因为不能上场踢球而难过很长时间。原来，这个世界是很公平的，给你多少快乐就会给你多少痛苦。

那时的我们都很认真，认真踢球，认真遵守足球规则，有时为了一个进球能争得面红耳赤，因为没有正规的球门，只是摆两块石头就充当个球门，所以很多时候，足球从石头上飞过，很难判断球到底进没进。因为热爱，所以认真。

除了踢足球，好像没有什么游戏可以让我真正全身心投入进去的了，很多时候，不管是和小伙伴在一起打扑克还是钓鱼，总是让我有一种精神游离的状态，因为我并不十分热爱那些东西，它们总会让我有种逃离的冲动。

只有足球，可以让我忘乎所以。

我经常会在玩得激情飞扬时被妈妈喊回家，不是因为到饭点了，就是喊我回家学习了。那时的感觉，相信不说你也能明白，恋恋不舍，又不得不依依惜别。

当我从热闹一下子进入独处的状态时，内心的激动是很难一下子消除的，但自从有了自己的房间后，似乎这种状态也随之发生了改变。

每次当我从外面踢球回来，进入自己的房间，在门关上的一瞬间，似乎也就把之前的激情关在了门外。

我的小屋，就像一处可以让我在热闹与安静之间自由切换的神奇空间，这么多年来，也让我锻炼出了两种性格，有时喜欢热闹，有时喜欢独处，时而理性，时而感性，两种截然不同的状态，我却同样热爱。

当我习得这种面对热闹与安静两种状态都能自然应对的技巧后，我居然成了一个乐观的人，特别是当我感到寂寞，或必须忍耐某些话不投机的人时。因为我知道，不管环境如何我都必须去面对，做到"以不变应万变"需要一种发自内心的力量，要随时找到一种让自己舒服的方式开心地生活下去。

想家的人最孤独

上初中之后，我需要住校，一星期只能回家一次，也就是说，我必须面对与很多人住在一起的状况。

学校的住宿条件实在不敢恭维，一个小房间需要挤进八个人，大一点的房间需要住二十多个人，甚至三十多个人，分上下铺，床挨着床，一点私人空间都没有。

住校的第一天晚上，因为刚开学，来自不同城镇的同学还并不熟悉，几乎没有人说话，但我知道，大多数同学和我一样，并不能立刻进入梦乡。大家都是第一次住校，第一次在家以外的地方睡觉，体验着新鲜感的同时，又有些想家的思绪，虽然身边睡着好多同学，但因为陌生而更显寂寞。我越寂寞就越思念我的小屋，越思念就越睡不着，越睡不着就越寂寞，循环往复，不能自已。

夜越深越孤单，当时的我一闭上眼睛泪水就不自觉地溢出眼眶，虽然周围一片漆黑，但还怕被人看到我流泪的模样，就偷偷用被子擦去泪水。

我读的初中是一所私立学校，初中一年级只收三个班，也就是说，镇上前二百名的学生才可以报这所学校，但是要比普通初中每学期多交五百元的费用，由于地处农村，受经济条件的限制，很多成绩好的学生的家庭也会考虑费用而不报考这所学校。我的家庭虽不富裕，但我的母亲非常重视我的学业，因此不假思索地就给我报名了，最终，我以全镇第四十三名的成绩如愿进入了这所学校，当年全年级只收了一百零八名学生。

但事与愿违，我并没有在这所学校更好地学习，其中的原因有千万种，但想家是最致命的一种。

晚上休息不好，白天的课堂总是让我难以集中精力，“开小差”是常有的事，这种状态让我分不清老师讲的重点，有时会被老师点名叫起来回答问题，通常是站起来之后不知所云，低着头不说话，红着脸等待着老师的责骂。

后来发现，这种情况在我们班级可以说是屡见不鲜，经常有人在课堂上走神而被老师叫起来罚站，本来我还会因不好意思而脸红，后来发现大家都一样，也就觉得无所谓了，脸皮越来越厚，直到后来如果我一节课没被老师点名同学们都认为不正常，觉得这节课好像缺点什么似的。

当然，如我一样的也大有人在，毕竟我们生活在同一个时代嘛。

当时，我的同桌叫李培刚，有一次在课堂上，正听着课呢，突然间他的眼泪就落在了课桌上，我下意识地看了他一眼，只见他用胳膊擦了下眼泪就趴在了桌子上。

老师看到后，很吃惊地走过来问他：李培刚你怎么了？

他不说话，摇了摇头，默不作声地流着眼泪。

老师的目光转向我，然后问：你知道他怎么了吗？

我怯怯地说了句：可能是想家了吧。

谁知我一句无心的话，却正好刺中了同桌内心的软肋，他再也控制不住自己的情绪，呜呜地号啕大哭起来。

当时我们只有十二三岁，第一次长时间离开朝夕相处的父母到外面读书，那种一日不见如隔三秋的想家情绪一旦泛滥，便如同洪水猛兽一般是难以控制的。

余光中的《乡愁》红遍大江南北不是没有理由的，古往今来都一样，想家的人最孤独。

但如今回忆起来，那段时光总会让我露出甜蜜的微笑，经历过孤独的痛苦，才会更加珍惜相聚的时刻，似乎和妈妈拥抱的习惯就是从初中开始的：每当见到多日不见的妈妈，我都会迎上去和妈妈来个熊抱，还会互相亲吻彼此的脸颊，那种感觉真的超级幸福。

你有多久没有拥抱过自己的妈妈了？不妨试着去拥抱一下，相信你会拥抱出一种幸福的滋味。

少年时的独家记忆

我是在母亲怀抱中长大的孩子，突然离开家，发现自己并没有想象中的那么独立。那时的教育体制，还没有严格规定双休日，学校可根据本校具体情况自行规定放假休息时间。那时的我一星期回一次家，周六上半天课，中午放假，周日晚上五点之前到校，也就是说一周可以在家里待接近一天半的时间。

那时的我，最期待的就是周六，终于可以回家了，我会第一时间跑到车棚，骑着我的自行车，头也不回地冲出校园。
那时的我，自行车骑得飞快，就像风一样。
那时的我，既像是朝着家的方向飞驰，又像是朝着学校的方向逃离。

韩寒在《像少年啦飞驰》中这样写过：总之我对这个地方充满失望，自从我懂事以后就对每个我念过的学校充满失望。然而更令人失望的是，在我进这些学校之前，总是对它们充满希望。
似乎我也一样，曾经对这个所谓的全镇最好的初中充满期待，但后来发现，它并没有我想象中的那样美好，尽管主要是我个人的问题。

回到家，我会先跑进我的小屋，把书包扔在床上，然后四处环顾，看看它有没有变化，就像打量一位久违的朋友。

妈妈每次都会为我准备好可口的饭菜，一星期未见，我知道妈妈对我的想念比我对她的还要多很多。我喜欢吃肉，妈妈就会尽可能地多放些肉在菜里，每次我都会吃得狼吞虎咽。学校的饭菜虽说种类齐全，但总不合胃口，我又是一个偏食的孩子，遇到不喜欢吃的饭菜时，总是瞬间就不饿了。

所以每星期我都很期待，期待着回家后妈妈为我准备的饭菜，现在看来，那就是我少年时的独家记忆了。

当然，记忆最深刻的还是小屋对我的吸引，不仅因为身在家中，还因为我终于可以享受久违的独处时间了。

我可以把自己关在小屋里写作业，读课外书，累了就躺在床上想心事，就这样一个人静静地待到妈妈叫我吃晚饭。

第二天，无论作业有没有做完，我都会去找小伙伴们玩耍，领着一群比我年龄小的弟弟妹妹，充当孩子头，带着他们走街串巷，打打闹闹。

然而快乐的时光总是短暂的，随之而来的就是离别的惆怅。

最痛苦的莫过于星期天的午餐，因为吃过午餐之后，我就要准备去学校了，虽说五点之前到校就可以，但是去掉花在路上的那一个小时时间，我要在下午两三点出发，因为总有没做完或不会做的作业，要在五点钟课代表收作业之前赶到学校，去抄学习好的同学的作业。

回学校的路上是我最难过的时候，顶着下午两三点钟的烈日，背着沉重的书包，一个人艰难地蹬着自行车，边骑边唱《离家的孩子》，那个旋律一出来我就忍不住落泪。还好当时的乡间小路人不多，离家越远越少有人认识我，不用在意路人看到我流泪的模样。

那时的我没有一个真正的朋友，我不愿意走到别人的心里去，也不愿意让别人走进我的心里来，在孤独难过的时候，为了颜面我故作坚强，只有在自己一个人的时候才会肆意悲伤。有时，我很羡慕那些可以在众人面前放声大哭的人，因为他们很真实，不像我，想哭却在人前强颜欢笑。

后来，我在电视上看到难过的人都会用酒来消愁，就起了买酒喝的心思。在某个返校的下午，我在村头的商店偷偷买了一瓶泰山啤酒，在远离我家的村庄后，骑着自行车来到一片少有人经过的田间地头，把自行车推进麦地里，我也躲在绿油油的麦地中，用牙咬开啤酒的瞬间，啤酒的白色泡沫不断从瓶口往外涌，我仰头便喝了起来。

那是我第一次喝啤酒，只为了寻找电视剧中的感觉，一口气干了半瓶后却发现，味道真难喝，又苦又涩，我以为是我的味觉出了差错，接着又喝了一口，还是难以下咽。

剩下的酒再也喝不下去，当时的我已经醉了，意识虽还算清醒，但闭上眼睛就有一种天旋地转的感觉，我把书包枕在头下面，不知过了多久，竟然呼呼地睡了过去。

等我醒来后，天色已晚，周围一片黑暗，我慌了神，急忙收拾好书包，骑着自行车往学校赶。

路上，周围似乎与我没有任何关系，我的眼前只有马路，脑海里只有快点回学校这一个念头，忘记了孤独，忘记了疲劳，忘记了为何而悲伤。直到进入教室，看到熟悉的面孔，我那颗悬着的心才得以落地。

同学们都已经开始上晚自习，我悄悄地回到自己的座位上，长舒一口气。老师看到我后，走过来问我怎么这么晚才回学校，我说：自行车在路上坏了，去修自行车了。

老师说安全回来就好，笑了笑就走开了，我突然更难过了。以前说谎我会脸红，但当时我的谎话居然直接就脱口而出了，而且还说得那么一本正经。

那天晚上，我回到宿舍就躺在床上，脑袋一片空白，有一种想去找老师承认错误的冲动，很想对老师说我撒谎了，很想对老师说清楚事情的来龙去脉，但最终我却找不到任何一个偷偷喝酒的理由，一直想到梦里，第二天却更没有勇气去向老师承认错误了。

原来冲动是经不起时间消磨的。

直到如今，我才敢把这件事情写在文章里。多年未见的老师，不知您还记不记得这件事，如果您还记得的话，希望您能原谅年幼无知的我，做了那么一件莫名其妙的事情，还向您撒了谎。

星海音乐船，载满音乐，永不靠岸

后来，我喜欢上了听音乐。

之前是听同学们讨论歌手，后来看到他们都在宿舍熄灯后拿着收音机躺在床上听歌，耐不住诱惑，也耐不住寂寞，或许更是音乐对我的吸引，我也从饭钱中省出一部分钱买了个小型收音机，每当宿舍熄灯的时候，我就戴上耳机来消磨想家的思绪，但五块钱的收音机质量实在太差，仅能收到几个电台。

记忆最深刻的就是晚上十点钟准时播放的《星海音乐船》，为了它，每天晚上我都情愿忍受接近一个小时的类似《孟氏拔罐》的那种无聊节目。因为在晚上八点半到十点这个时间段几乎没有好听的节目，打开收音机除了新闻就是《孟氏拔罐》与知心康胶囊的广告。

不知是不是托儿，每晚都有很多观众打电话来感谢孟所长，主要意思就是感谢孟所长的拔罐，本来抱着试试看的心态购买了一个疗程，结果用完之后疗效特别好，已经快痊愈了，想再买两个疗程，完美地制造了一种拔罐很有效的样子。

我当时总会反复想，你们想买就去买吧，干吗非得打电话说一声，这种无聊的广告推销什么时候才能结束，什么时候才能把好听的节目排在黄金时段。

总是在我的耐心快要消失的时候，《星海音乐船》的背景音乐悄然响起，让本来昏昏欲睡的我瞬间清醒。

星海音乐船，载满音乐，永不靠岸——这样的声音，这样的节目，这样的夜，都属于她——小绒姐姐。

城市里每天都在上演着很多故事，相遇、分离；忧伤、喜悦。当夜幕降临，也许，你会想拨通一个电话，却不知道可以打给谁，收拾你的心情，跟小绒一起去流浪，用三十分钟的时间，做一个轻松的梦。我是小绒，我在等你。星海音乐船，现在起航。

星海音乐船，载满音乐，永不靠岸！小绒姐姐会用这样的话语作为节目的开场白。每个宁静的夜里，她都会选择一个音乐主题，在这些不重复的主题里，在一个小时的“航行”中，我们可以在歌声里肆意放飞自己的情感。

小绒姐姐的声音一出现，就会触碰我敏感的神经，让我寂寞的心灵不再难过，让我无可救药地爱上夜晚，无法自拔地爱上音乐。

从那时起，我渐渐有了对音乐的喜爱，也通过收音机，认识并了解了很多曾经不熟知的歌手。

在那个懵懂时代，只要有音乐传递的夜晚，我都是躺在床上悄悄地听，那些年少时期的小心思，总能在音乐里找到共鸣。尤其在孤独的时候，我会不自觉地爱上音乐，旋律将我与世界隔绝，细细聆听，好像每一句歌词都是写给自己的。

时间一久，发现自己越来越离不开音乐了，尤其在夜深人静的时候，如果没有音乐的陪伴，寂寞总在我左右，让我不知所措，难以排遣。

后来上了高中，再也没有时间听“小船”，就这么过了三年。再后来，听说“小船”停播了，我不由得伤心难过，不是说好“载满音乐，永不靠岸”的吗？怎么说停播就停播了呢？回头想想，先下“船”的其实是自己，有什么理由去埋怨“小船”靠岸呢。当时，大概也不是埋怨，而是“小船”承载了我太多的悲欢离合，寄托了我太多的愁思，即便是没有时间再去每天陪伴，也希望它能永远存在，一年又一年，继续去温暖那些忧愁的少年。

又是几年春好处，步履匆匆，人生如梦。有次回家，意外收到了“小船”复播的消息，很欣喜，也有些伤感，说得矫情点，我的青春，就这么走了，“小船”却一直还在。

想起当初躺在学校的床板上，静静聆听音乐的无数个夜晚，那时的青春，年少如花。

其实每一段青春的岁月，既有灿烂也有伤痛，即使你曾经被伤得体无完肤，但那些成长的痛，却是最好的经历。

世界不是那个世界，孟庭苇还是那个孟庭苇

后来，有同学带着小型录音机来学校了，可以放磁带，随时随地听音乐。

那种东西太奢侈，只有有钱的孩子才会拥有，我们经常是借别人的录音机听。在那个时候，我认识了一直喜欢到现在的歌手——孟庭苇。

1

20 世纪 90 年代，为数不多的港台明星却成就了华语音乐的一段流金岁月，当时，孟庭苇凭借清纯可人的形象和一首首温暖的歌曲，很快成为华语歌坛最火红的玉女偶像，俘获了一大批来自天南海北的歌迷。

然而在我看来，孟庭苇最打动人的，并非她的嗓音，而是她的纯真。

如今，很多“70 后”和“80 后”都会时常怀念那段属于磁带音乐的年代，那时电视很少，能看到港台型男靓女的人不多，人们只能如

饥似渴地守候在广播前，等着一首首新歌进入耳朵，他们就是那样跌跌撞撞地跟上了时代，后来有人称那是纯真年代。

作为“90 后”的我，因为一个歌手，也爱上了那个纯真年代。有一种明星，可以超越时间，超越空间，超越所有的外在因素，让你喜欢到忘乎所以。孟庭苇就是这样一个歌手，因为她，让我定义了一个时代。

孟庭苇出道当歌手的时候，这个世界还没有我。那时的她，还在中学念书，班里有一名高山族同学，吉他弹得很好，她便想着与同学组成二重唱，孟庭苇唱歌，同学弹吉他。两人假期就开始在民谣餐厅打工，她们只是觉得在民谣餐厅唱歌收入多，没想到竟会被唱片公司的星探发现。无独有偶，很多知名的歌手都是通过这种方式与唱片公司签约的，比如黄品源、李宗盛等。不同的是，当时孟庭苇还没到 18 岁，合约必须父母签字盖章，孟爸爸不同意，且坚决反对，怕女儿沾上娱乐圈不好的习气，会学坏。

父母眼中的演艺圈是个大染缸，对于独生女孟庭苇，他们只希望她能好好念书，找份工作，然后结婚生子，但她还是在合约上签下了名字，理由竟是“那个黄昏的夕阳太美了”，年少时的我们，骨子里都会带有一种叫作“任性”的东西，看来孟庭苇也不例外。

最后孟妈妈偷偷拿了孟爸爸的印章去签了合约书，后来又说服了他。

刚出道的孟庭苇，一头卷发，像极了洋娃娃，1991 年，22 岁的孟庭苇在歌坛崭露头角，凭借一首《你看你看月亮的脸》红遍大江南北，被封为“月亮公主”。

而那一年，我刚好出生。

1995 年，她参加了央视春节联欢晚会，一首《风中有朵雨做的云》让她在两岸三地无人不知、无人不晓。此时处于事业巅峰的她，还是个二十多岁的女孩，前路一片光明，然而，孟庭苇却在 2000 年，突然急流勇退，告别歌坛。

在隐退的几年中，她把关注放回心灵与亲友身上，也与佛结下了不解之缘，那段时间她虔心向佛，后又从事佛教音乐创作。

音乐制作人姚谦说：公司的同事很头疼做她的案子，因为没有任何事可以炒作。她一心向佛，结婚生子后也没有放弃出家的念头。

2004 年，她宣布复出，那一年，我正好上初中一年级。此后孟庭苇除了演唱自己喜爱的歌曲，还经常参与公益慈善活动，把筹集的善款全部捐给了有需要的贫困群体，她用这种简单的方式诠释着信佛之人的慈悲。

经历了大火——沉寂——复出的一波三折，她的音乐一直没变，她的人却更美好了。

2

我在初中一年级的时候，才开始对音乐有了懵懂的喜爱。那时的我们情窦初开，写不出好的情诗，就把歌词当成情诗写在寄给恋人的信笺上，通过信笺来维系着自己都不太懂的爱情……很多人都是听着孟庭苇的歌曲成长、恋爱的，现在大多已成家立业。

记得当时，同学们喜欢的歌曲类型千差万别，因为那时的流行音乐更替非常快，DJ、摇滚、嘻哈、非主流等类型的音乐如雨后春笋一样疯狂地生长，又如昙花盛开一样很快在人们的记忆中消散。

有一次在《星海音乐船》节目中，偶然听到了孟庭苇的《往事》，熟悉的旋律瞬间荡起了我心中的涟漪，记不得是什么时候听过这首歌了，或许是在家里的黑白电视机中，或许是在姐姐的录音机中，又或许是在某个转角的咖啡店里，唯一确定的是那时的我还不懂什么是音乐，还不知哪里是台湾，但是这些已经不再重要。因为所有的相遇都是久别重逢，像是在六道轮回中，有一世曾与她是江湖至交，千回百转，寻寻觅觅中又与她相遇，欣喜若狂地如同一艘漂泊的船在音乐的海洋中找到了属于自己的港湾。

第二天，我躲开老师的目光，翻墙出校园，冒着做检讨和被叫家长的风险，到CD店里，用仅剩的零花钱，买了一盘孟庭苇的磁带，那盘专辑的名字叫《纯真年代》，我当时在想：为了这四个字，死都值得！

后来才知道，《纯真年代》是孟庭苇在1994年8月出版的第七张民歌专辑，是她离开上华唱片前最后一张专辑，之后就正式加盟新力音乐SONY MUSIC TAIWAN（台湾索尼音乐）。

孟庭苇曾说过这样的话：每个行业都有好的一面和不好的一面，关键是看自己。整个社会环境其实就是人组成的，人心复杂，环境就复杂；人心单纯，环境就单纯。

从那时起，孟庭苇就成了我不可或缺的精神食粮，常常出现在我的生活里，我喜欢哼她的歌，喜欢把她的照片夹在钱包里，喜欢把她的名字写在我的每一本教科书上，似乎只有这样，孟庭苇才会离我更近一些。

有一次爸爸突然对我说：小祺，你需要什么书给爸爸讲，爸爸给你买，不要每次都借孟庭苇的。

我想：假如我能借到孟庭苇的书，我才不让你给我买呢。

后来，在情窦初开的年纪，我喜欢上了一个女孩，好长一段时间都让我辗转反侧，夜不能寐，终于在情人节的时候鼓起勇气，给她写了一封情书，却突然听到那个女孩和别的男孩恋爱的消息。心中的痛苦不知对谁诉说，又怕被人知道，就晚上躲进被窝里，戴上耳机听《没有情人的情人节》，听到眼泪模糊，觉得我是全世界最孤独的人，就孟庭苇最懂我。

3

我有一个哥们儿叫赵锐锋，他当时是周杰伦的粉丝，我们两个在一起就是互相给对方看各自偶像的照片，他给我看周杰伦耍酷的表情，我给他看孟庭苇纯真的笑容。

赵锐锋经常戴着耳机跟着唱，我一句也听不懂，他说那是艺术。后来发生了一件事，让他大获全胜。

学校举行唱歌比赛，赵锐锋第一个上场，选的歌曲是周杰伦的《双节棍》，他在台上拿着双节棍又唱又跳，或许是因为光顾着模仿周杰伦要酷的样子了，不幸忘词。不幸中的万幸，唱的是周杰伦的歌，反正周杰伦吐字不清晰，没人能听明白，他就一个人在台上瞎唱，台下的很多同学以为他唱的是俄罗斯歌曲，不禁献给了他热烈的掌声。

走下舞台的赵锐锋得意扬扬地对我说：我长大了要成为像周杰伦那样的人。

我说：长大了我只想挣钱去看一场孟庭苇的演唱会。

长大后，我在孟庭苇的演唱会现场听得热血澎湃，泪流满面。赵锐锋却没能成为周杰伦那样的人，因为他对我说，从当年失恋后就不再喜欢周杰伦了，他的偶像已经从周杰伦变成了许嵩，变成了五月天，后来还喜欢上了 TFBOYS……

年轻的我们都爱得太感性，又恨得太彻底，而现实让我们难以衡量爱与恨之间的距离，也很难让我们找到自己真正喜欢的是什么。在成长中，我一直视孟庭苇为我的“精神陪伴”，因为我知道，世界上最好的老师，不是名牌学府，不是名师指点，不是兴趣使然，而是基于生存的“陪伴”。

在我最孤独失意的时候，孟庭苇的歌声可以让我不再在感情的旋涡中继续沉沦下去；当我想起孟庭苇的笑容时，总会让我觉得世界如此美好。

记得刚工作的时候，独自在外，时常想家，心绪乱如麻，我拿第一个月挣的2000多元工资买了个步步高手机，然后去网吧把孟庭苇所有的歌曲都下载到了手机里，是孟庭苇的歌曲伴我度过每一个难熬的夜晚。

有一天，单位比我大20岁的李姐拿着我的手机玩，突然对我说：咦，小祺，咱俩听的音乐类型差不多呀。然后打开蓝牙，把我手机里的歌点了全选，传到了她的手机里。

从那一刻起，我就觉得李姐不仅是我的同事，还可以是我互诉衷肠的好朋友。

当时的我工资挣得不多，交话费都是几十元、几十元地，“10086”经常发给我“余额不足，请尽快充值”的短信提醒。

我对李姐说：每当收到这种短信都会让我心情不悦。后来，我想到了一个好办法。

李姐惊奇道：什么办法，快点告诉我。

我得意地说：我把“10086”的备注改成了“孟庭苇”，后来每当余额不足的时候，“孟庭苇”就会给我发信息，自此，交话费也就变成了让我心情愉快的一件事情。

接着李姐也如法炮制，这个方法一直沿用到现在。

孟庭苇的歌声伴随了我整个青春时代，也将继续伴随我接下来的岁月。小的时候不曾想到，长大后我会对孟庭苇爱得如此痴迷，不知是因为她的容颜还是因为她的歌声，抑或是在我成长道路中有太多孟庭苇给予的精神支撑。事实上，在合适的时间，遇到合适的歌手和歌曲，那种影响，直抵生存深处的卑微灵魂。

我找到了属于自己的精神陪伴，因此到现在也爱得忠贞不渝。

4

有一天清晨醒来，突然发现我的微博多了很多信息，打开微博一看，原来是孟庭苇转发了我为她写的一篇文章，然后很多亚迷（孟庭苇粉丝昵称）也跟着转发了。

后来，我把那篇文章收录到了我的最新作品集《还我一个飞扬跋扈的青春》一书中，在这本书出版之前，我给亚亚姐（孟庭苇小名）发信息说能否为我的新书作个序，也没想到亚亚姐会一口答应。

书出版之后，我的圈内好友、有着“陕西三毛”之称的沉香红在为我宣传时说：左小祺从来就不按套路出牌，别人出书都会请作家宣传，小祺却请了位歌手推荐，而且还是那么有名的歌手。

其实之所以找孟庭苇作序，是因为这本书是我对青春的一个告别，而在我十几年的青春岁月中，非常幸运有孟庭苇的陪伴，我的故事是在她的旋律中谱成的，是属于我的独家记忆，所以，只有把孟庭苇请进我的书中，我的青春才算完美。

在很久之前就知道，在孟庭苇的青葱岁月中，她最遗憾的就是没有在情窦初开的年纪谈一场胶原蛋白满格的恋爱，所以在《还我一个飞扬跋扈的青春》这本书中，我收录了很多关于恋爱的文章，也希望通过这种方式来填补孟庭苇心中的小小遗憾。

5

2017 年 6 月 16 日，孟庭苇来北京参加四川卫视《围炉音乐会》的录制，我偷偷赶赴现场为亚亚姐加油。在节目录制结束后，我在后台把这本书送给了亚亚姐，还有一幅山东省漫画家协会副主席王学忠老师特意为孟庭苇创作的水墨漫画。

说也奇怪，漫画家王学忠老师从来不把自己的作品送人，也从来不私下出售自己的画作，但当我拜访他并向他表达了我想求他作幅画送给孟庭苇的来意后，他二话没说便答应了。因为孟庭苇信佛，王学忠老师便画了一幅与佛有关的画，并附了一句与现在的孟庭苇特别契合的话：奔走不为名和利，一心度人度自己。

复出后的亚亚姐，不为争“一姐”地位，也不为上歌曲排行榜前列，只是想尽可能地救助他人。亚亚姐把专辑版权捐给贫困地区的孩子，更多地选择出席公益性质的活动，对工作人员与歌迷，她也常常用体贴的话语传达正能量。

亚亚姐如此温柔地对待人、事、物，难怪岁月也温柔守护着她，现在，她已经四十多岁了，可当她站在台上，清秀容颜如初，原本就恬淡的气质，变得越发平和了。

后来，《围炉音乐会》的工作人员在网上发了一篇新闻，题目是《孟庭苇诠释偶像力量，青年作家励志追星》，在这篇新闻中，他们把我刻画成了一个励志少年，通过努力写作、出书，终于实现了小时候想认识孟庭苇的愿望。

其实，我并不算一个合格的亚迷，我也从来没有想过刻意用写作来结识孟庭苇，写作早就是我生活的一部分，与追星并无牵扯，也并不冲突，后来因为文字结识孟庭苇纯属机缘巧合。而且我认为，喜欢一个歌手，最重要的不是买遍她所有的专辑，也不是只为参加她所有的演唱会，更不是把自己变成脑残粉，而是让这个歌手知道，喜欢她的人也是一群努力的人。这才是最有价值的东西，也是偶像带给我们最大的力量。

6

后来有很多读者问过我这样一个问题：似乎孟庭苇的歌曲并不属于我们“90后”，你为什么会喜欢孟庭苇呢？这个问题也曾困扰过我很久，它说简单也简单，简单到可以用一句“没有任何理由，就是喜欢”来回答，但这个回答却总是不能让提问者满意，可我也真的找不到能表达我对孟庭苇喜爱的其他理由了。

直到如今，接触的歌手越来越多，听过的音乐也越来越多，在形形色色的潮流与价值观中，我突然找到了答案，为什么喜欢孟庭苇？很简单，因为孟庭苇用纯真的态度点燃了一盏明灯，我靠近一看，那里正是我想去的地方，就是这样。

如今的孟庭苇面容如初，在她身上有一种对世间万物的淡然，还有一种超尘脱俗的美，在有限的生命里，她心怀善意，优雅从容，她淡泊致远，不断感恩，她自足，她珍惜，我想，这样活着才会更幸福吧。

在我《还我一个飞扬跋扈的青春》一书出版的时候，孟庭苇为我的新书作序，说我是一个心理年龄只有 16 岁的少年，而我想说，亚亚姐永远是我心中 20 岁的公主，简单、纯粹、干净，让人感觉纷杂的世界里总能寻得一片净土，得以有片刻宁静。

世界不是那个世界，孟庭苇还是那个孟庭苇，时间再走，心仍少女。

附文：《一首歌曲，一段时光》

如果你还记得风中那朵雨做的云，那你一定不会忘记，冬季约你到台北来看雨的亚亚；如果往事依旧历历在目，那你一定也会记起，曾在风中静悄悄绽放的那朵红玫瑰；如果时光可以倒流，那你一定要再去看一看当时那张月亮的脸……

别人都说，这辈子一定要去听一场喜欢的明星的演唱会，到目前为止，我最崇拜的三个偶像已经全部完成：刘德华演唱会、大冰畅聊会、孟庭苇演唱会。

听完孟庭苇演唱会的那天深夜，好友小张发信息说：孟庭苇演唱会看完了？

我说：还在回味中。

小张说：三个偶像都看过了，想说点什么？

我说：我就是不说死而无憾，因为我还有别的事情没做呢。

有人把我归类到追星一族，我不这样认为，因为从粉丝的角度来说，我实在不够资格，我没有买过刘德华的专辑，没有给孟庭苇送过鲜花，答应大冰哥去丽江也一直没有实现诺言，我只是静静地喜欢着自己喜欢的一切，刘德华的谦虚，孟庭苇的静美，大冰的与众不同，甚至一度把那种个性与原则视为灵魂的信仰，它们一直支撑着我，让我得以在困惑中自嘲与保持乐观。

在那个纯真的年代，看过琼瑶的戏，读过三毛的散文，听过孟庭苇的歌曲，到如今，唤起我内心青葱岁月的一直是那些熟悉的旋律。与我相比，大多数同龄人喜欢流行，喜欢撕心裂肺，喜欢快节奏的歌曲，他们不愿怀旧，也不愿诉说，不愿静静地享受一段孤独，偶尔碰到喜欢孟庭苇歌曲的同龄人，我总是那样喜出望外。

记得与赵锐锋在高一暑假补习班中分享一副耳机听孟庭苇的夜晚，记得与孙凯在试卷上写着孟庭苇名字时的笑容，记得与王西刚为了孟庭苇与一群非主流通宵骂战的夜晚，记得方玉睿可怜巴巴地说想要孟庭苇签名时的眼神……

随着年龄越来越大，在很多得与失之间，我明白，有些东西真的不要轻易错过，有时候，一转身，真的就是一辈子，就如《后会无期》中的故事，许多话说着说着，就成了最后一句话。在不违背道德与法律的前提下，去做你想做的事，努力为自己争取一个机会。

在演唱会上，一位满头白发的老爷爷听到我喊了一句“孟庭苇，我爱你”后，看着我哈哈大笑，我觉得老爷爷特别可爱。后来邹依琳姐姐对我说，当听到《野百合也有春天》时，她哭得很厉害，而当时我正跑到前面去给孟庭苇拍照，那首歌是她曾经很长一段时间的网名，她就是在孟庭苇流行的年代开始恋爱的。有些东西就是这样，说不清道不明，唯有时间来诠释。

十年过去了，我的手机音乐换了又换，但孟庭苇的歌曲一直还在，我在她的歌曲中走过了一个多梦的年代，曾经以为跟她有关的回忆只能永远珍藏在记忆里，偶尔翻阅、聆听，乘着她的音乐暂时离开这个现实世界。

忘记了什么重要，

也忘记了为何徒劳。

如今种类繁杂的歌曲充满了这个喧嚣的时代，有人喜欢快餐式的流行音乐，而我宁愿去享受一段安静的时间，一杯茶，一本书，一首歌曲，一段时光。

青春是一场美丽的放逐，在激情超越理性的那一瞬间，蓦然回首，发现一种沉重却明媚的色调，于是，我将自己彻底依托给经典。亲爱的朋友，你是否也在风情万种之间，找到了自己的情有独钟？

Rough
top
of
the water
crash
WAVE
move
on the beach

成长本就是一段锥心的疼痛

在我上高中之后，周围的同学都在埋头苦读，没有人理会我的小情绪，为了打发无聊的时间，我竟然渐渐地喜欢上了读书、写作。

或许是青春期在作祟，让人对爱情懵懂的悸动总是难以抵制，所以恋爱中的人都是诗人，这话一点没错。

那时的我处在情窦初开的年纪，心里藏着一位女生，有时不知如何表达，就喜欢在纸上写些情诗。很多时候写不出来，不得不去看一些课外书。后来发现，课外书比教科书有意思多了，越看越吸引我，《骆驼祥子》是我在高中读完的第一本小说，到现在我还记得老舍笔下故事的内容。

后来，课外书越读越多，涉猎范围也越来越广，尤其喜欢韩寒的文章：犀利的言辞、幽默的笔风以及不同于常人的思维，让我惊叹，原来文章也可以这样写。

有时候，我还会读一些诗歌，收集一些扣人心弦的句子，然后抄写在信笺上，总想着有一天可以送给自己心仪的女生。

有一次，我洋洋洒洒地写了几百字的情书，偷偷装在口袋中，想送给班里一个扎马尾的女孩，但每次面对她的时候，总是不敢把信拿出来，有时连搭讪说句话的勇气都没有。不知过了多久，终于鼓起勇气，却总是时机不对，她身边总是有个在一起的姐妹。

错过的次数越多，我越确定自己喜欢上了她，我的脑海里会不时地浮现出她可爱的脸庞，尤其在我独处的时候。于是我理解了陈果的那句话：爱情是心灵不由自主的全神贯注。

终于有一次，在学校的楼道内远远地看到了她一个人朝我的方向走来，我想终于等到这千载难逢的时机了，故意装作漫不经心的样子，眼睛的余光却偷偷瞄着她，手揣在口袋里紧紧握着情书，等待她的靠近，似乎她每靠近一点，我的心就会跳得更快一些，近了近了……

当她走到我面前时，我故意把头转向她，然后她对我了句：早。

我竟然不自觉地回了一句：早。

等她走后，我才意识到情书还在我口袋里，被我的汗水濡湿了，后悔、焦灼、无奈、痛苦、自责等复杂情绪交织在一起，堵在我的胸口，让我的悲伤无处释放。

比伤心还难过的就是更伤心。

没过多久，在大家都不知情的情况下，她被别的男生追到了手，当我知道后，跑到一个无人的地方，把口袋里那封装了好久的情书撕得粉碎。

青春期的我们都有着类似的爱恋，总有一句难以说出口的情话，总有一个无法表白的人，总有一封送不出去的情书。有些人出现在生命中，却难以解释她的存在，明明她什么都没做，甚至她什么都不知道，却已经无缘无故地被大爱了一场。

我从未后悔曾经那么深深地喜欢过她，只是遗憾没能亲口告诉她我的爱意，但那又何妨，成长本就是一段锥心的疼痛，不计后果的那段，才叫作青春。

走到哪里，写到哪里

你问我高中最大的改变是什么，我想是我开始成为自己的朋友。

不是没有朋友，而是周围的同学满脑子都是高考，谁都没有时间停留、驻足在你的困惑中，为你排忧解难。

于是我渐渐习惯了独处，习惯了沉默，习惯了于繁华处寻找静寂。

张德芬说：我们太多次地以为那个让我们感到空虚的事物是外在的，因此一直在外徒劳无功地寻找。如果你愿意反观自身，回到自己的内在，陪伴自己，做自己最好的朋友，你会发现，你的内在空间加大了，内在力量增强了，而你的外在世界也会随之改变。

当我什么话都不想说，也不知如何说，更不知该对谁说时，并不是我在故弄玄虚，我还没有到矫揉造作地摆弄深沉的年龄。

同桌或许是疑问，或许是揶揄地问我：怎么了？

我没说话。

我困惑，她也困惑，在她眼中，我是一个每天读老子、鲁迅、托尔斯泰的人，这样的人也会困惑，于是她困惑了。

我是真的困惑。

喜欢文科，可老师总是觉得我有学理科的潜质，村里很多没有工作的人告诉我学理科将来好找工作，这么荒诞的说辞，结果我信了。后来，即使被学习压到窒息，我也要屏息在理科，青春的心一直这样固执。

于是，我对文科的向往就这样轻而易举地被扼杀在青春的迷茫中，我未起步就已锁定走向，一直盯着那把理科的枷锁，其实我该寻找的是那串早已丢失的钥匙。

青春的心太迷茫，有目标的人总是幸福的。

原本我有着健壮的体格，运动会中无论长跑还是短跑，都可以取得数一数二的成绩；原本我有一双明亮的双眸，能够直视温暖的阳光，老师也曾郑重其事地对我说：你有考飞行员的素质，一定要保护好眼睛，保护好身体。那种被重视、被呵护的感觉，似乎让我游离的心有了一个避风的港湾。可是白炽灯的光芒虽不刺眼，但任何无瑕疵的眼睛也经受不住时间的磨砺，它战胜了我，我也认输了，做证的是我那副不甘承受的眼镜。港湾随即被风吹得支离破碎，我无奈，老师也遗憾，我知道“上天”很神圣，可我一辈子也别想上去了，人类那伟大的座椅终究轮不到我去坐。

之后我又埋头在方程式与物质反应中，思考是无解还是多解，是物理反应还是化学反应。

有时会为了比别人多做一道题而庆幸，为了一道解不出的方程式而拒绝进食，可我拿出比别人多两倍的时间去学化学，结果却考了别人二分之一的分数，我的理性思维居然还比不上女生“杨柳岸晓风残月”的感性思维。

或许这是命中注定。

我以为，太努力是不能提高成绩的，也许是适得其反。第二天，我看到飞来的足球不再对它作受力分析，而是沉浸在纯粹的欢乐中。我极力向比我高一级的学生和比我大二十多岁的老师证明我可以运球，可以配合，可以射门……最后除了证明了自己是有足球天分的，其他的我什么也没得到，而下一次的成绩也少得让人忍不住想掉眼泪。

看到文科班的学生每天都可以活得很滋润，我向往，更神往。他们可以感受青春的不羁，寄情于山水，无拘无束，或许，他们的生活才是我理所当然的归属，但我却无能为力。

我的语文老师很漂亮，这更增添了我学习语文的兴趣，有时，我也会整天游荡在文字的海洋，然而语文刚见起色，其他学科的成绩就噼里啪啦往下掉，老师说应均衡发展，我就把大部分时间毫无保留地送给了其他学科，结果我的语文成绩又恢复了平淡。

我不知所措，高中，注定要把我葬送。

我依旧让理科的尘埃把我掩盖，使我被人同化，使我被人遗忘，我对此也颇为无语只能麻木于每天的歇斯底里。

文科的成绩更是日渐萎靡，难以启齿。每天在老师的提问中作壁上观，轮到我回答时也只有张口结舌，不知所云。我不知道这种状态能否让我在会考中及格，仅是及格，更高的要求我不敢奢望，也不用奢望。

同学们都在众人面前高谈“上学无用论”，语惊四座，背后却把书在无人注意时带回宿舍，躲进被窝苦读。第二天带着肿胀的双眼俨然对我说：昨夜失眠怎么也睡不着。然后我们相视一笑，彼此心照不宣，笑中别有天地，别有日月星辰。其实这种玩笑，我初中时就已经开过。

因为我知道，高考是全国皆兵，并不是战胜同学就能通向罗马，所以我依旧会把我学到的毫不吝啬、心甘情愿地告诉同学。

不知是否是我太心甘情愿，我的作文书常常在我不知情的情况下到处流浪，我找不到它，它也记不清去时的路，到现在也不知花落谁家。甚至有人把我的日记拿去，毫不客气地浏览一番，还把我的心爱的贴画撕得面目全非，并嘲笑我的孩子气，我也讨不到一个说法。

每次当我想发火的时候，他们以“我们是哥们儿”来掩盖他们并不认为是罪过的罪过。有时还会在背后议论我说：至于嘛，这人怎么那么小气。我真想告诉他们，我就叫小气，就叫小气，结果长大后的笔名还真成了“小气”。

当然，高中还有很多奇妙的事情。

一天，有个陌生的女生对我说：我喜欢你。
我茫然无措说：我不认识你啊。
然后她怯生生地转身走掉，之后的岁月她再也不肯正视我。

我本以为那时的我们不懂爱情，然而同样的事发生在我身上却也让我不知所措。
对着自己心仪的女生，我壮着胆对她说：我喜欢你。她没有说不，也没有说是，但我却感到了风声鹤唳、草木皆兵，如临大敌地揣测很久，她却对我说她早就有男朋友了。
中学的感情很奇妙，有时一回眸就可成为游不出的深潭，一滴泪就可以湿透整个夜晚。第二天，我在被理科生认为是用来补充睡眠的政治、历史课上狠狠地睡了个酣畅淋漓。
中学的爱情很奇妙，我们会喜欢上很多人，而且每一次的喜欢都是真挚和发自内心的，但只有放下过去的人才敢承认。岁月回头，我爱上过很多女孩。

高二学生的会考就要来临，我们的会考还会远吗？
没经过会考似乎就没有讨论大学录取通知书的资格，我曾见过我师哥的“山东大学”录取通知书，比获得什么奖项的荣誉证书还要精致。于是我也会陷入遐想，不知2011年后我是否也会得到一封录取通知书……成佛很难，但唐僧成了，做梦很容易，但这些年来，我始终不能走进我的梦里。我命令自己狠狠地给自己一个耳光，该醒的时候就不能再做梦了。

我要把我所有的资本当作赌注，健康，快乐，个性，爱好，友情，爱情……付出一切代价也在所不惜，只为在老师、父母以及所有观众的眼里能活得幸福一点。

我写完了我的少年时光，但没有人为我鼓掌，也没有人为我喝彩，所有的压力悉数如枷锁一般束缚在我的身上，我始终没有找到开启那把锁的钥匙，蓦然回首，那把锁居然已经被时间腐蚀得再也经不起一点风吹雨打，手刚碰到锁，它便断了，掉在地上摔得粉碎……

我没有开启那把理科的锁，因为我服了兵役。

在高中就要结束的时候，我挥泪告别了它。

入伍前两年的时光，是我军旅生涯中最漫长的一段岁月，没有遗憾，不曾后悔，也不愿回忆，当生活不再有什么惊喜和感动，便会发现孤独其实就是自由。

好的孤独

孤独中的信仰

昨天我和一个高中学妹去海淀基督教堂做礼拜，她有一个很好听的名字叫莉雅，像童话故事里的名字一样好听，后来得知，她的名字是根据耶稣母亲的名字取的，她的整个家族都信奉基督教，而我的家族并没有任何宗教信仰，只是因为我钟爱《圣经》里的警言，所以对基督心怀虔诚。

我不是基督教徒，做不到清规戒律，清欲寡欢，很多年前，我认为每种宗教都有一种神圣的力量，需要我们全身心地皈依才能靠近心中的信仰。可我自始至终是一个放浪形骸、喜欢自由的人，所以，我始终不能将自己彻底依托给基督。

我们跟着牧师读《圣经》，我们共同低头做祷告，我们为耶和华唱赞歌，欣赏教徒们为我们歌颂耶稣《一生有你》。我看到很多信徒在听完赞歌后擦拭眼睛，这或许就是信仰的力量，它会指引人们放下心中的罪恶，用爱净化心灵，就像一颗沙子沉入了蓝色的海洋。

祷告，是一种很好的修行方式，就像《论语》讲的“三省吾身”一样，在繁杂的社会生活之中，静静地闭目沉思，想想自己曾做过的事情是不是正确，今后该如何做好自己，还有那些难以启齿的话，这些都可以通过祷告诉说出来，因为读《圣经》是耶稣在与我们对话，祷告是我们在与耶稣讲话。

由于工作的原因，我很长时间没有看过《圣经》了，曾读了很少一部分，但现在也记不清里面的人物名字了，许多故事情节也与人物对不上号了，时间就这样流逝，记忆就这样模糊，但是感觉却依然有迹可循。

记得在高中的暑假补习班里，每到晚上都是我们最活跃的时候，由于天气炎热再加上无人禁止，我们在12点之前总是无法入眠，打牌的，下棋的，打电话的，聊天的都有。等到12点的时候，我就会和赵锐锋一块儿去冲凉水澡，回来就会美美地睡一觉。

当时我们有一个共同的偶像——孟庭苇，我们两个都喜欢听她的歌，但我们只有一副耳机，所以只能轮换着听。

有一次他对我讲：小祺，要不你上我床上来，我们一块儿听吧。然后我就跑到他的床上，我叫他胖子，如果不是我瘦的话，估计一张床真睡不开我们两个。

他说：你枕枕头吧。

我说：你枕的什么？我拿过他头下的包，打开一看，里面装着一本厚厚的《圣经》。

我说：你也看《圣经》?

他说：这是我们家族的信仰。

突然我们像迷路的孩子找到了家，瞬间变得精神抖擞起来，开始聊起了《圣经》，在这适宜听歌的夜晚居然连孟庭苇的歌也变得索然无味了，孟庭苇啊！

我们聊耶和华为千代人存留下的忠贞之爱，聊雅各与天使摔跤以及因此以色列人不吃大腿窝筋的故事，聊慈爱的耶稣为什么对狂妄自大而被虫咬死的希律一句话都不说……

第二天，班主任走进教室，像摩西从阿拉斯特山上下来一样，声势浩荡地把一本书重重地摔给了正在课桌上沉睡的赵锐锋。

《圣经》上讲：生命如风。往日的故事历历在目，却又逐渐模糊，几年后的我依旧当不了基督教徒，或许我只是个在路旁看着拜佛人的孩子，有没有信仰与是不是教徒是没有关系的，我依旧喜欢那种“酒肉穿肠过，佛祖心中留”式的信仰方式。就像 30 岁后的大冰，“内观已心皈依禅宗临济，唯酒戒难舍。”

而如今，忠诚于党，热爱人民，报效国家，献身使命，崇尚荣誉成了我最虔诚的信仰。

尽管如此，我仍尊重每个人的信仰，也尊重每个人的信仰方式，我知道生活的简单与复杂，从不纠缠徒有其表的虚名，内观世界，如此尚好。在世俗生活中，我不害怕做个坏人，不畏惧孤独，也不怕被冷眼相待，心中保有善意，坚持自己的原则，做个有大爱的人，而不是小心讨好所有人。

童年的纯真，如今的真诚

时间的烟雾慢慢地模糊了童年的印记，使它们仅仅以“故事”的姿态在记忆中偶然浮现。

你是否还记得童年时每天都会守候在电视机前收看《大风车》节目的自己？那个活泼可爱的金龟子姐姐，那个和蔼可亲的董浩叔叔，那些让你把主题曲记得比唐诗还熟悉的动画片……

当下因为时间，因为年龄，很多动画片都淡出了你的记忆，但当你偶然间又在电视中看到童年曾看过的动画片时，相信你的心会和我的心一样怦然一动，激动万分，那是因为唤醒你我的已不再是单纯的动画片，而是逝去的童年时光……

如今，在电脑前面玩着神秘玄幻的网络游戏，你是否还会记得童年时扔过的沙包、弹过的玻璃球、打过的水枪以及乐此不疲的捉迷藏游戏；你是否还记得因接住对方扔来的沙包而兴奋地呼喊：我又多一条命了；你是否还记得因为邻居家的伙伴赢走了自己的一个玻璃球而对他怀恨在心，结果第二天却又在一起玩得如胶似漆；你是否还记得为了用水枪打小伙伴一身水或为了躲避小伙伴的攻击，而像被狗撵着一样没命地跑；你是否还记得捉迷藏时为了不让对方找到而不惜躲到垃圾堆里的自己……每当想到这些，我就不免有些难过，曾经为之疯狂的游戏竟然被如今的电脑游戏取代。

童年时代，我认为最好吃的食品就是方便面。记得当时，每隔几星期妈妈才会答应给我买一包方便面，不仅是因为当时家境贫苦，也是因为妈妈认为方便面是一种没有营养的食品，不想让瘦小的我吃坏身体。于是，几星期才能吃到的方便面就成了我幼小时的纯真期盼，我还常常在心里默默许愿，希望自己长大后能天天吃到方便面。然后，这个愿望居然成了真……

现在的生活节奏越来越快，很多时候我为了节约时间，就泡包方便面来充饥，小时候那么喜欢吃的方便面，现在却再也吃不出当时的味道了。

曾看过这样一句话：人没吃饱时只有一个烦恼，当人吃饱后就会有好多个烦恼。

为什么呢？我曾听到一个有趣的解释。

我朋友说：这就像如今北京的地铁，在没座的时候，大家都能坦然地站着，彼此相安无事；后来有座位但不够分配时，就会挤成一团，为的是争抢有限的座位；再看晚间时分，人少座位绰绰有余时，还是会有人争抢，为什么？因为有人想躺着。

童年简单的奢求在如今世界物欲横流的对照下，映衬出的是当时单纯的生活状态。如今的我们物质生活丰富了，精神生活却越来越空虚，纵然应酬不断，高朋满座，但依旧时常感到寂寞难耐，因为我们得到的越多，想要的也越多。

有时候我偶然间会想起曾经的伙伴，甚至会习惯性地打开QQ空间，有时上面显示着：抱歉，该空间仅对主人指定的人开放。

我顿时愣了，之后却又笑了。

有些人会慢慢地在你的记忆当中模糊，你记得他，而他已经把你忘了……因为时间，因为距离，因为缺乏联系，很多人都在你的记忆中被隐藏了，其实可以很容易地找到对方，但却不愿意打这个电话，因为不知道该聊什么，因为一聊起来就有很多事情变得复杂，时间长了，也就习惯疏远和陌生了。

虽然曾经非常熟悉，但是现在，各自的生活，朋友圈子，甚至工作，众多因素让彼此间多了一层隔阂。

很多时候，你也只是在QQ当中说一声：最近好吗？

然后对方说：嗯，还好。

便没了下文……

不要这样，当我们一起成长，一起走过，总会留下一些印记，即使雨水把它冲去，往事，还会让我们重新回到那里。我想我们都应该去拾取记忆的落英，试着找回当初的自己。我不想童年的故事只是我们人生的插曲。想哭就哭，想笑就笑，一包方便面就会满足，一个玻璃球就是一段时光，那种简单纯真的生活状态，应成为我们一生的写照。

相信终有一天，我们会明白，原来沧海改易，桑田变迁，我们一直追求不到的简单生活并非不存在，只是我们路过时没有悉心把它延续下去而已，不要让我们活着活着活成了自己讨厌的样子，笑着笑着笑成了可笑的角色，走着走着走丢了最初的自己。

在我的《还我一个飞扬跋扈的青春》一书中，我非常喜欢里面的一句话：真诚地去哭，真诚地去笑，真诚地去生活。

童年的纯真不再拥有，但换来的不应该是生活的欲望，而是人生的真诚，只有这样我们才会再次拥有简单、纯真的生活。

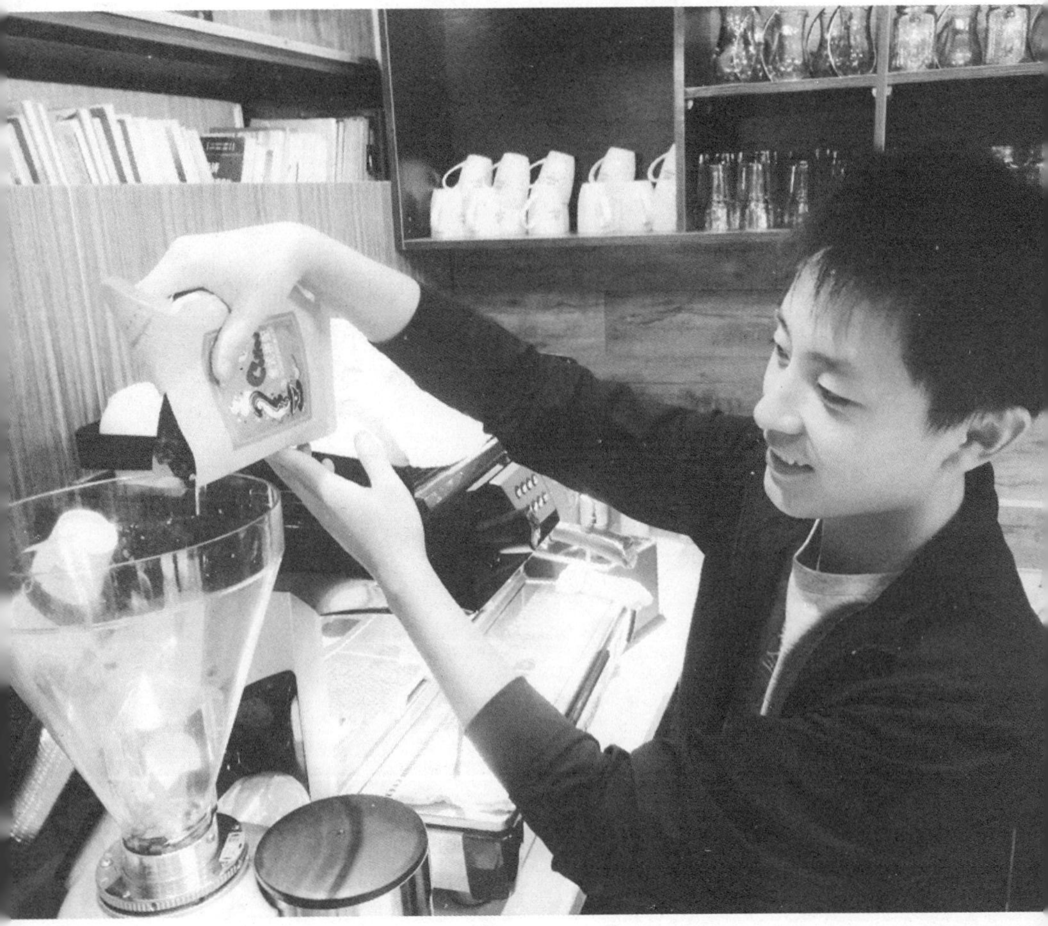

一个人越炫耀什么，说明他就越缺少什么

前段时间在网上看到一篇被人整理好的名人语录，其中有一句话是这样写的：一个人越炫耀什么，说明他就越缺少什么。我一看署名居然是于丹！

于丹老师是我特别喜欢的一位文化学者，当第一眼看到这句话的时候，我的心真的被触动了一下，因为名人效应，因为对于丹老师言辞的钟爱，所以当时就不由自主地反思起了自己：我每天会在微博、朋友圈或 QQ 空间发表些什么呢？我不禁去翻看了一下自己的微博，有些是有感而发的心情语录，有些是自己的文章，有些是我与朋友在一起时的照片或者是我的自拍照……我不知道自己公开这些东西代表着缺少什么。缺少理智？缺少文采？缺少朋友？还是缺少对得起观众的容颜？想着想着便会陷入逻辑的怪圈，也许是自己太幼稚了，也许是自己太无病呻吟了，也许身边的朋友对自己并不像自己想象得那样重要，也许自己太自恋了……

横竖想不明白，我索性就去翻看朋友的动态，看看他们每天会炫耀什么，顺便推测一下他们真正缺少什么。

有个朋友经常在微博中向我们分享各种美食，他平时就是个喜欢吃东西的人，说得难听一点就是个吃货，每次大家在一起吃饭，他都要先拍照发动态才让大家动筷子。老天对他特别善良，送给他一个怎么吃都不长肉的身体，我翻看着他的动态，看到他说：纵有一颗减肥的心，只可惜长了个吃不胖的命！下面还带了九张他做的各种美食，记得那次饭局我也在场，那天是他老婆的生日，他老婆的生日！老婆的生日！老婆的生日他居然没有秀恩爱，依旧发了和平时一样的美食动态，我就在想：哥们儿，你到底是有多缺吃的啊！

我又去看另一个朋友的动态，处处都是美景，从东北到台北，从山东到新疆，他的足迹几乎遍布整个中国。他是个背包客，以写旅游指南为生，而且是个超级摄影狂，走到哪儿拍到哪儿，大半个中国的山川河流都被他收入单反之中，并时时刻刻传到微博供大家点赞欣赏，我不禁想：哥们儿，你到底是有多缺旅行啊！

和我关系比较好的一个高中女同学，已经结婚三年多了，有两个漂亮儿子，是一对儿双胞胎。以前她的动态全是自拍照，因为她长得挺漂亮，老是炫耀自己的美艳照片，但自从有了儿子，她的自拍照就明显变少了，取而代之的是自己那两个漂亮小子的照片，看到她每天在朋友圈炫耀自己孩子我就来气，我到现在连个给我生孩子的姑娘都没找到呢。

我实在忍不住了，就在她动态下面给她留言：你整天炫耀你孩子的照片，也不怕我把你孩子偷跑了。

她却对我说了句杀伤力度足有1000的话，她说：小祺祺，你知道吗？当有了孩子之后，我才知道，原来每天在朋友圈记录自己孩子的成长历程是那么的幸福呀！

我开玩笑说：你孩子是我在朋友圈里看着长大的！她哈哈一句把我打发了，我说姐姐，你是有多缺孩子啊！

就这样一个个翻看着自己朋友的动态，我突然发现了一个不好的征兆。

我有个特别好的哥们儿，相识不久但是一见如故，自从认识后便相交甚密，可当我翻看他的动态时发现，他的动态有百分之七十是和我在一起时发生的故事，我们弹吉他时的耍酷，我们喝酒时的狼狈，我们爬山时的笑容，我们打篮球时的汗流浃背……因为相隔不远，我大多数的空暇时间都会与他在一起，他发了那么多关于我的动态到底在炫耀什么呢？又到底是缺少什么？缺少我们之间的友谊吗？不对呀，他是我非常在乎的朋友，怎么会缺少友谊呢？难道是他对我的感情淡薄吗？也不可能呀，我虽情商低，但也不至于分不清真情与虚伪，我能感受到彼此的友谊，就像山间明月一样让我如坐春风、温暖舒适。那到底是因为什么呢？

我试着给我的朋友发信息说：我看你老是晒咱俩的照片，你是缺少我对你的关心吗？

他回复说：这话是什么意思呀？

我说：一个人越炫耀什么，说明他就越缺少什么。

他说：傻孩子，值得我纪念的人和事儿我才会分享呀。

真是一语惊醒梦中人！

于是我回过头来推敲那句话，接着便质疑它的真实性了。我不知道于丹老师什么时候说过这句话，如果真的是于丹老师所言，那我只好斗胆质疑这句话的权威性了。不管是文学家还是作家，他们依旧是人，人无完人，是人就会有错误，也就可能存在失口的情况。所以我不再认同“一个人越炫耀什么，说明他就越缺少什么”这个观点，就像一个生命中缺少足球的人，他是不会花时间去发表为哪个球队加油之类的动态的，所以我认为，一个人越炫耀什么，说明他越在乎什么。这样一想，很多事情就顺理成章了，喜欢吃的人就会愿意分享遇到的美食；喜欢旅行的人就会乐意述说自己的见闻；成为父母的人总会忍不住秀自己可爱的宝宝；在意彼此的朋友便会珍惜在一起的每一个瞬间。

这样一来，越想我的心里就越觉得舒坦。

再后来，我认为这句话可能根本不是于丹老师所言，有些人把一些语录整理在一起，然后分门别类地在前面加上某某作家、某某名人语录不知有何用意，可能大多数只是想博得点击率而已。有些话语不严谨，总会给人一种误导，让人误以为那是真的，是具有权威性的，因为这里面存在一种名人效应，有些话普通人说就是一句话，而换成名人说出来，那就成名言了，这是整理者的心态，也是大多数普通人的心态。

但作为一个成熟的人，我们该如何辨别这样的陷阱呢？

在这个理性的时代，我们有时太在意理智的生活了，面对问题的时候，我们总是不自觉地先考虑这样做的道理，这样做的意义。有时还会把某个名人说过的一句话，当成处事原则来规划自己脚下的路。可是生活中那么多道理，谁都不可能按着哪一条道理去过完一生。多一些用心，生活也许更好，不要让一句话束缚自己所有的情感。当我们被道理所淹没的时候，可能最难发现的就是自己的内心。大胆地说出自己的想法吧，追求自己想要的东西，追求自己想要的人生，不怕炫耀，也不怕失去，有爱就大声说出来吧。

因为，一个人越炫耀什么，说明他越在乎什么！只有当你在乎的东西靠近你的生活时，你才能因此创建你的人生，归属于你的人生。

我的双重性格

我是水瓶座，AB血型，是一个泪点和笑点都很低的人，有人说我是双重性格，说难听点就是我是个有点神经质的人。我不服气，这么多年，我努力地反驳，后来证明，他们是对的……

我是一个有着双重性格的人，也是一个有点神经质的人，我喜欢喝咖啡，也喜欢吃大蒜；我喜欢喝白开水，也喜欢喝烈酒；我喜欢热闹的街道，也喜欢安静的小巷；我喜欢阳光，也深爱夜晚；我相信永恒，也承认短暂；我时而理性，也时而感性；我不是坏人，但也不是什么好人，我只是一个极度悲观的乐观主义者。

我喜欢做自己真心喜欢的事情，哪怕要面对周围人的冷嘲热讽，我也从不在乎，我宁可活成别人眼中最差的形象，也要活成自己心中最酷的模样。

这种特征，在中学的时候就已经表露无遗。

高二的时候，我在老师家长的反对中、在同学的嘲笑中毅然决然选择留级，或许那时，他们觉得我可能是神经病吧，周围那么多忍受不了高中令人窒息的学习氛围而退学的学生，还有那么多期盼着早点结束高中生活的学生，而我却选择再来一年，不是神经病是什么。只有我自己知道，自己每天在学校混的是什么日子，那时我很确定自己是理智的，在我想改变的时候，就算全世界都拿我当笑话来看，我也只听从自己的内心，跟着感觉走。

当我从高二重点班抱着书走去高一新班级的时候，校园中一片嘘声，大家都攀在栏杆上看我，有些不怀好意的人甚至骂我，我则回敬他鄙夷的眼神。新班主任见我说的第一句话就是：你这个决定太对了，与其混到高三再来一年，不如现在就重新开始。接着朝我竖起了大拇指。年轻的我们，需要一种特殊的“仪式”来告诫自己，像是迎接一个新的开始，又像是与过去的诀别。

新的开始，我与很多朋友断了来往，有些人与我反目成仇，我也满不在乎。虽然我的成绩依旧惨不忍睹，但我觉得，从那时起，我最大的收获就是重新塑造了我的人生观——不要在乎别人的目光，在不触犯道德和法律的前提下，做自己认为对的事。

新的开始，我变得更加沉默，为了打发无聊的空暇时光，我每天抱着书低头阅读，慢慢地，我喜欢上读书，喜欢上写作，也喜欢上了思考。

后来我接连在校报上发表了文章，虽然现在来看，那是多么地微不足道，但却是我当初引以为傲的不竭动力。

再后来我去竞选学生会干部，很多人都在背后说：就他也竞选学生会干部？语气中带着不屑和嘲讽。但当时我很自信，这股自信不知从哪里来，就是感觉自己一定可以。如我所愿，凭借一场脱稿演讲，我成为学生会体育部副部长，第二年，通过竞选成为学生会主席。

我们都知道，这个世界是多元化的，每个人也是多元化的，毕竟，是人组成了这个世界。在老师眼中，或许我是一个好学生，因为我具备好学生身上的很多优点，但在学生眼中，我是一个坏学生，因为坏学生身上的毛病我也都有。

我就是这么一个双重性格的人，从中学到现在，从未改变。

工作后，我孤身一人来到北京，总感觉自己孤苦伶仃，找不到一个可以诉说心事的人，后来身边的朋友越来越多，我不再形单影只了，但心灵还是经常感到漂泊无依，就算走在熙熙攘攘的人群中，也不知道哪里才是我的归宿。

或许我们都有这样的感受，有时候特别渴望找个人聊聊天，哪怕只是讲讲话，但是到最后却发现，往往很难有心灵感应者，慢慢地就会领悟到，有些事情是不能告诉别人的，虽然那并不是什么秘密，但就是没办法用言语诉说清楚，即便诉说清楚了，也很难有人感同身受。所以，有些话，只能放在心里，让时间慢慢地去消磨，让时间慢慢地去平复，让时间慢慢地去告诉你答案。

我们都还不知道外面世界的模样，便已成为漂泊北京的浪子，宝剑尚未磨好，出门便已是江湖。北京是一个只要奋进就能实现梦想的地方，也是一个稍一放松就被淘汰的地方，我对它是又爱又恨。

我喜欢北京的夜晚，每当华灯初上，我就沿着街道随便走走，看看高楼大厦，看看穿梭车流，看看人影匆匆。后来，我和我的哥们儿一起买了辆二手 SUV，我经常开着车在夜晚兜风，有时虽然一个人，但听着广播，吹着风，很有情调，一点也不觉得孤单。

我渐渐喜欢上车里的安静时光，它就像一个密闭的私人空间，可以不被打扰，可以将心事锁住，又可以将烦心事关在外面，一个人坐在车里，听听音乐，刷刷微博，看看风景，哪怕什么都不做，就这样静静地待着，想想心事，我都会感到一种甜蜜与充实。

一个人的时光就必然是孤独的吗？不是的，一个人也可以玩得很有意思。

有一次回老家，吃过晚饭，我开车围着家乡的小村庄闲逛，农村的夜晚，安静极了，没有路灯，没有行人，家家户户都早早地门扉紧闭，我开车走在田野的路上，把大灯打开，周围茫茫一片漆黑，灯光所及，也不过浑浑噩噩的朦胧之感，就像滚水冲不开的晦涩青春。想起一句话：我想学会干净的语言和安静的笑，跟着风走把孤独当自由。此时此刻，我愿做一个孤独的使者。

当车开到村口的大桥上时，我打开车窗，一阵清风吹过，舒服极了，于是我把车靠边停好，把车窗全部打开，清风与虫鸣的声音就这样一起钻进我的耳朵，伴随着童年的回忆，这是在如今的钢筋水泥城市中根本感受不到的乐趣。看着月光下偶尔泛亮的水波，我想起了小时候在这里捉鱼的场景，想起了和小伙伴躲在桥下偷偷抽烟的日子，想起了在河中光着身子学游泳的欢笑，想起了太多回不去的开心时光……不知不觉，已经晚上 11 点多了，我开车回到家，妈妈一顿责怪，问我去哪了，这么晚才回来。我说我在村口大桥上吹风呢。我妈问：你在那里吹风干什么？我说：因为舒服啊。我妈说：你神经病啊，大晚上在外面吹风。

那时，妈妈一定觉得我是个神经病，因为除此之外，还有很多鲜活的事例可以为这一观点佐证，比如不喜欢过生日，比如这么大年纪了不结婚，而且还不着急。很庆幸的是妈妈是一个很开明的人，她知道我的性格，所以从来不会刻意要求我去做些什么。

从小到大，我从来没有庆祝过生日，因为我不喜欢被几十双眼睛盯着的感觉，大家给我唱生日快乐歌，而我傻傻地站在那里不知道该摆什么表情才好，那时的我真的一点也不快乐。与其这样，我宁可独自一人对空饮酒，不必为顾及谁的感受而强颜欢笑。或者两三好友聚在一起，吃吃喝喝，说说笑笑，绝口不提特意来为你过生日这件事。不喜欢谁为谁特地去做些什么的感觉，因为刻意就代表给了对方潜在的压力，好像表示着这样一层意思：给你过生日耗费了我很多精力和时间，你要感激我。但是好朋友在一起，无论过不过生日都是同样的感觉，不管有没有生日蛋糕也都是同样的氛围，在一起就很开心，没有刻意，也没有伪装，自然而然，舒适愉快。

我是一个很随心的人，喜欢跟着感觉走，最不喜欢的就是什么时候必须要做什么事情。过生日就要吃蛋糕，情人节到了就要送玫瑰，为什么非要等到这一天才知道生于世间的珍贵？才知道女朋友的可爱？有生的日子天天过，何必问生日怎么过，只要心中有爱，每一天都可以是情人节，每一天都可以说句我爱你，这样岂不是更好。

就连春节也是一样。大家只有春节的时候才知道回家，而因为工作的原因，很多个春节我都没有回家，妈妈也很开明，从不强求我必须回家。

于是，春节时，我发了条微博：

像我这样的江湖儿女，从来都是四海为家。

不在乎节日，不注重生日，不喜欢用概念束缚自己，从来都是有酒喝酒，没酒饮水饱。

比起高朋满座、觥筹交错的应酬，我更喜欢两三知己共剪西窗烛的随心。

不回家过春节早已经习以为常，我妈说了，什么时候回家，我们就什么时候过年。

因此，我这些年来浪迹天涯，从不寂寞。

北京的春节，没有烟花，没有鞭炮，没有川流不息的车流，整个城市都给人一种人走楼空的感觉。给妈妈打个电话，告诉她我在哪里过的春节，和谁一起吃的年夜饭，最后说一句妈妈我想你了，何尝不是一种幸福。挂掉电话，望望窗外，我才意识到，我不是不想家，也不是不想团聚，当人在江湖身不由己的时候，我知道，我该做的是认真面对当下的思念，因为孤独是生命的常态，当认真感受过孤独的滋味，才会懂得陪伴的意义与珍贵。

我每年回家见到妈妈都要拥抱，大大的拥抱，而妈妈会亲吻我的脸颊。

我的妈妈是个很有趣的人，她传统又不失开明，有时甚至开明到让我怀疑人生。

随着年龄的增长，我妈也开始成为“催婚一族”的成员，经常和我念叨结婚的事情。有一次回家，我妈问我什么时候能领个女朋友回来，我开玩笑说：天天问我有没有女朋友，每次回家也不给我安排个相亲。

没想到我妈说：现在哪里还有相亲的，不是都从网上找嘛，你也去网上找个呀。

我：……

还有一次，我妈问我这辈子还能结婚吗？我说当然能了。

我妈说：那我问你个问题，如果将来我和你媳妇同时掉到河里你先救谁？

我说：先救妈。

我妈说：哈哈哈哈，活该你没有女朋友。

我：……

现在我经常向妈妈汇报我的感情状况，和哪个姑娘恋爱了，她的性格如何，和她在一起的感觉如何。遗憾的是，后来分手了，不知道怎么对妈妈讲。分手那天，我吃不下饭，睡不着觉，一直到第二天凌晨，饥饿让我难以忍受，于是托着脑袋强行让自己起床，用仅剩的理智给自己泡了包方便面，狼吞虎咽吃了两口，又想起分手的事情，泪水就止不住地往下流。

后来迫不得已把分手的事情告诉了妈妈，妈妈陪着我一起难过，我不想让妈妈为我难过，强颜欢笑说分手后我过得很快乐。

再后来我交了个新女朋友，妈妈经常给我讲解恋爱秘诀，如何哄女孩开心，如何相处，如何照顾女孩，最后总不忘说一句：再分手，妈妈就不要你了。

爱情于我而言不是生命的全部，却也是生命中不可或缺的一部分，但我认为，婚姻是爱情的延续，而非年龄的催化，在我没有遇到真正的爱情时，我不会因任何外界的压力而结婚，这是我对爱情最基本的尊重。这个世界上，只有该结婚的感情，没有该结婚的年龄，我尊重爱情，就像尊重文学，尊重自然，尊重呼吸，尊重所有没有任何杂质的事物。

有人在朋友圈说最完美的人生是这样的，大学时谈一场轰轰烈烈的恋爱，毕业后订婚，24 岁结婚，25 岁有孩子，27 岁要二胎，30 岁事业有成，然后就爱情事业双丰收。我很不理解这样的人生规划，每一步都按照规划走，难道 80 岁的时候就该死吗？

有些人年龄大了还没结婚，不是因为觉得婚姻不重要，而是因为觉得婚姻很重要。我很认同这句话，所以，有些人 20 岁就结婚了，我从不羡慕，有些人一辈子没结婚，我也不觉得那是一件悲哀的事情，这个世界上，最不能将就的事情就是婚姻。

至于该不该结婚，我更欣赏这一类人，他们因爱情而走进婚姻，彼此相伴，彼此尊重，共同进步，他们在婚姻中不丢失自己的灵魂，努力寻找幸福应有的模样。如果他们没有遇到对的那个人，也不会因此而自暴自弃愤世嫉俗，他们知道自己想要的是什么，不会因外界的压力而随便找个人草率结婚，他们宁缺毋滥，对自己负责也对他人负责。就算一辈子不结婚，他们也不会觉得孤单，他们会做自己喜欢的事情，提高自己的生活品质，让自己变得更优秀，爱自己，爱生活，然后等待那个和自己一样的人。

每个人都有自己的婚姻观，我从来不恐婚，甚至极度向往婚姻，但到现在还没结婚的原因也很简单，当我还没有认识自己和世界的时候，不会轻易给别人承诺一生的誓言，更不会因为外界的种种压力而仓促结婚，对自己负责更对她负责，不害人亦不害己。

我要做那个拒绝婚姻又渴望婚姻的大龄青年，一如我的双重性格。

人都是孤独的

经常有人在微信中火急火燎地问我：在吗？在吗？

但当我回复“在”的时候，对方却没了下文……

很多年前，遇到这种情况，我都在心里默念：真是有病，说了上文没下文，让人干着急。

多年之后，遇到类似的情况，我常觉得那应该是我的幸运。我何尝不是一样，在孤独寂寞的时候，想找个人倾诉心里的惆怅，翻开通讯录，里面有几千个号码，却怎么也找不到一个可以让我敞开心扉去倾诉的人。

小曦是我高中同学，关系还行，但中学毕业后就很少见面了，唯一的联络，就是朋友圈。

有一次，夜深人静的时候，她在微信中问我：方便打电话吗？

我回复了一个字：嗯。

然后她打给了我，电话接通的一刹那，我能感觉到，她本想对我讲的话，最终还是变成了寒暄。

后来，我经常接到她的电话。

有时语气轻快，会对我多讲几句；有时语气柔和，仅是问候；有时语气落寞，一句话不说，我从不追问，也从不曾想过去挖掘她心灵深处的秘密。

长大之后我越来越觉得，亲密的朋友之间就应该是这样，不时常想起，却无处不在。

嘟嘟嘟，电话铃响了。

小曦打来的。

听不出是开心还是落寞，只是问我：你在做什么？

我说：没做什么呀。

我问她：你呢？

她说：没做什么呀。

然后我们通着电话沉默了十几分钟……

有人说，每个人都是孤独的，在这个世界上，遇到爱，遇到性，都不稀罕，稀罕的是遇到知己。我们总需要有一个人，他是真诚的，他是没有功利的，他是不需要解释的，所以，当有人对我倾诉的时候，我从不会觉得他是在无病呻吟，有人愿意把我当成一个精神寄托，那是我的幸运，遇到就该珍惜。世间最好的默契，并非有人懂你的言外之意，而是有人懂你的欲言又止。

你忠诚的是爱情还是爱人

1

来者要惜，去者要放，人生是一场孤独的旅行，不是所有人都会去向同一个地方。

我有个同学叫孙顺，初中就开始追女生，很认真地追，都说上学期间谈恋爱是不务正业，但是他不一样，他追女生要是认真起来，可以为女生做一切事情，包括认真学习。

初二时，他喜欢我们班的语文课代表刘琦，不断地给她写情书，但也不断地遭到拒绝。因为刘琦是个成绩优异、性格内向的好学生，面对孙顺的一次次表白，她毫不客气地一次次拒绝，拒绝的理由永远都是同一个——上学期间谈恋爱会耽误学习。

偏偏孙顺是个较真的人，为了打破刘琦这个观念，他说：谈恋爱不会影响学习的，分手才会，我要和你谈一场永不分手的恋爱。

刘琦冷笑一声说：全班四十五人，你考三十四名，差点就是全班后十名了，你好意思说不会影响学习？你这么不认真学习的人，凭什么追我？

被刘琦拒绝的那一瞬间，孙顺有一种被人羞辱的感觉。他并非一个做事不认真的人，只是没有把认真用在学习上而已，因为陷入爱情沼泽里的人，从来不在意自己的成绩，在他们心中，只有感情最重要。

孙顺就是这一类人中的典型代表。

他对刘琦说：爱情应该是单纯的，与成绩好不好是没有任何关系的！难道成绩不好就不能追你吗？成绩不好就配不上你吗？成绩不好就不能和你谈恋爱吗？

刘琦的回答很坚决：是的，不能，等你考进全班前十名的时候再来追我吧。

我们都觉得孙顺肯定没戏了，一个整天只把精力花在追女生身上的人，怎么可能考进班级前十名，但我们都小看了孙顺的认真。

从那以后，孙顺不再上课偷偷写情书了，不再下课看着刘琦发呆了，也不再放学跟在刘琦身后非要送她回家了，而是变得认真学习了。他比任何人都认真，经常看到他追着老师去办公室问问题，大家都觉得孙顺像变了一个人似的，成绩不断攀升，还经常在课堂上被老师表扬。

丹尼尔·笛福说：我们总是要等到置身在黑暗中，才会注意到光明的存在；也只有在失去时，才懂得珍惜我们所享有的一切。对于孙顺的变化，感受最深的应该是刘琦，因为生活中突然少了孙顺的“骚扰”，她总觉得少了点什么，慢慢地，刘琦开始注意孙顺的变化，似乎为了一个承诺，孙顺真的可以孤注一掷，倾其所有。

终于，半年过去了，期末考试结束后，孙顺真的实现了自己的承诺，考进了全班前十名，他用实际行动告诉刘琦，为了爱情，他是认真的，他会为爱情付出一切，包括认真学习。

刘琦当时只有一种想法：或许没有别的男生可以像孙顺那样为自己如此付出了。

如果不是一见倾心，女生的爱情很多时候都是在被感动之后才出现的……

放学后，孙顺跟在刘琦的身后，一直走到少有人去的田间小路，孙顺拉住刘琦，正想再次表白，没想到刘琦转身便给了孙顺一个拥抱。

从那天起，孙顺与刘琦正式确定了恋爱关系。

2

中学时代的爱情总是双面的，可以带给人奋进的力量，也可以让人产生倦怠的借口。孙顺为了维护与刘琦的感情，不断努力学习，跃进班级前三名，然而处在爱情中的刘琦却难以保持曾经的理智，她越来越依赖孙顺，稍有差池便会情绪波动、患得患失，久而久之，刘琦的成绩竟从前十名滑落到了二十名。

爱情改变了我们的模样，让我们无比乐观自信，也让我们变得贪婪堕落，戴着这顶伟大的帽子，我们无怨无悔地付出，也心安理得地自私，最终，爱情赋予我们的可能是孤独地自我沉醉。

高考结束后，孙顺考上了南方的一所重点大学，但刘琦的成绩却和本科线相差甚远，为了这份爱情，刘琦没有选择复读，填报志愿时写的是一所专科院校，学的也并不是自己喜欢的专业。刘琦的父母很不理解她为什么执意要选那个少有人问津的学校，只有我们知道，那所院校是离孙顺的大学最近的一所院校。

我们想不到故事的结局，有的时候连过程都预料不到，有时，人生就像高考一样，它的魅力永远不是如愿以偿的欢笑，而是阴差阳错的意外。

刘琦和孙顺的感情开始发展得很正常，一切都在意料之中，一直到大二，刘琦瞒着家人，在孙顺的大学附近租了间屋子，与孙顺同居在一起。

当时的大学生并不富裕，为了这份感情，刘琦边上学，边去肯德基打工挣钱交房租。

我当时和刘琦一直有 QQ 联系，一次我问她：为什么是你来租房子？为什么是你去打工交房租？

刘琦说：孙顺需要做课题研究，没有时间打工呀。

我说：你的学业呢？你不需要学习吗？

刘琦说：我就只是个专科，毕业了也没多大前途，我有孙顺就够了。

我说：我觉得你是在拿自己的青春赌你们的爱情，你觉得你能赌赢吗？

刘琦自信地说：当然能了，孙顺当初就是为了追我才变得这么优秀的，能为我如此改变的人，我没有理由不相信。

我不知道孙顺对刘琦的感情是真是假，只是潜意识觉得，一个让女生牺牲一切成全自己的男人并不怎么靠谱。

3

果不其然！

有一天，刘琦对孙顺说，我好像上个月没来大姨妈。

孙顺居然生气地说：你怎么不早说，赶快去医院查查，是不是怀孕了。

检查的结果与想象中一样，怀孕一个月了。

对于刘琦来说，她觉得这是件很开心的事，她做梦都想与孙顺结婚生子，然后一起过日子，但孙顺却很严肃地对她说：趁时间还短，赶快打掉吧。

听到这句话，刘琦的眼泪就掉了下来。

孙顺的语调渐渐柔和：我们还小，还有尚未完成的学业，现在也没有经济基础，这样把孩子生下来是不负责任的，等我们今后工作稳定了，结婚了，再要也不迟呀。

虽然刘琦也明白，未婚先孕，还是在尚未毕业的大学期间，确实不是要孩子的好时机，但眼泪还是止不住地往下落。

最后刘琦问了恋爱中的女孩都会问的傻问题：你爱我吗？

孙顺说：当然爱了。

刘琦接着问他：你将来会娶我吗？

孙顺说：当然会娶你了。

刘琦经不住孙顺的软磨硬泡，迫不得已，只好把孩子打掉了。

打掉孩子的那一刻，刘琦像是已经经历了漫长的人生，在她心中，那一刻她失去的东西远比失去自己的初吻，失去自己的第一次更让她心情复杂。

本以为经历了这一切，孙顺会对刘琦更好一些，可一个月后，面对房租的压力，身体尚未恢复的刘琦不得不继续边打工边上学。

刘琦付出得义无反顾、心甘情愿，孙顺被爱得理所应当、毫无歉意。

原来爱与被爱一旦成为习惯，便很容易迷失自己。爱情除非相互喜欢，否则满是心酸，最终惴惴不安，无法坦然……爱与被爱，都不如相爱。

4

刘琦这种状态一直持续到大四，她即将面临毕业，家里托人给刘琦找了一份还不错的工作，想让她回到父母身边。但刘琦拒绝了，因为孙顺并不想回老家工作，也不想就业，只想继续考研究生。
不久后，孙顺真的如他的名字一样，顺利考到北京一所大学读研，刘琦仍旧拿自己的青春做赌注，放弃了父母为她找好的工作，跟着孙顺来到了北京。

刘琦四处投简历，好不容易才找到一份工作，工资不是很高，没有周六日，还不包吃住。
北京的房租实在贵得离谱，刘琦只能住在稍微偏远一点的地方，开始孙顺也会时不时去陪刘琦，渐渐地，孙顺便懒得跑了。他对刘琦说：找你一次来回路程都要两个小时，同在一个城市都像是异地恋！
最后孙顺便以课题研究为由，很少与刘琦见面，刘琦只能用最大的努力去艰难维系着这段仅靠一个人坚持的爱情。

有一次刘琦单位放假，她利用这难得的休息时间为孙顺炖了份鸡汤，可电话总是无人接听，于是刘琦就抱着保温桶到孙顺的学校，站在孙顺的宿舍楼下等。
接下来就是一个很俗套的故事了，电影演过千百遍的剧情出现在现实的生活中，刘琦终于看到孙顺从宿舍楼出来，却牵了楼下另一个女孩的手，说说笑笑地走了，躲在松树后面的刘琦心如刀绞。
那天很多人都看到了一个抱着保温桶的女孩，她蹲在树下哭得悲恸欲绝，却没有人知道这个伤心的女孩经历了什么。

刘琦不知道自己是如何回到家的，只记得脑海里都是孙顺和别的女孩在一起的画面，那个画面一遍遍浮现在她的眼前，每浮现一次，就像有一把刀向自己的心脏刺了一下。那种心如刀绞的感觉已经不是真心遭到背叛的痛苦，而是自己孤注一掷赌上整个青春最终却惨败的无助和无望。

想起孙顺最近对自己的冷淡，刘琦才后知后觉地感到孙顺其实早就变心了，他早已不是那个为了她可以不顾一切去做任何事情的男孩，而且讽刺的是，最后连基本的问候他都没有了。刘琦为了这段感情，不惜上一所不喜欢的大学，不惜为他打掉孩子，不惜放弃工作，不惜与家人闹翻，不惜赌上自己的青春与人生，最后换回的却是这样的结局。

爱情让人迷失自己，谁先迷失，谁就输了。

那天晚上，刘琦给我打电话，我刚接通电话，便听到她撕心裂肺的哭声，哭得电话这头的我心都在颤抖。

我怕刘琦会想不开，开车到了她租住的公寓，当我敲开门的时候，只见蓬头垢面的她眼睛已经哭得肿了起来，虽能看出在开门前她顺势整理了几下头发、擦干了眼泪，但还是能清楚地感受到她身上的痛苦与悲伤。

我问她没事吧，她张了张嘴，还没说话，眼泪就落了下来。

欲语泪先流的感受，有谁能懂。

她边哭边向我诉说孙顺出轨的事情，我坐在椅子上没有说话，她哭得越伤心，我也就越发难过，但我始终不知如何去安慰她，我也明白，此时此刻，无论我怎么安慰都无济于事，只能默默听着，然后看到她越说哭得越厉害，直到哭得身体抽搐。

我不知道，爱情有多大的魔力，可以让人伤心到如此地步，怪只怪情太深，爱太真，现实太残酷。

直到刘琦哭累了，趴在沙发上睡着了，我给她盖上毛毯，便悄悄离开了。

回去的路上，我心绪乱如麻，当时觉得，作为男人，如果还有一点良知的话，就不要让一个女人如此爱你。

5

第二天，我去孙顺的大学找他，等了半天也没有找到，便去问他的舍友。

他舍友告诉我：孙顺昨晚就没回来，应该陪他女朋友去了。

我问：他女朋友是谁呀？

他舍友告诉我：他女朋友是我们教导主任的女儿。

我给他舍友点上一支烟，趁势问：他什么时候谈的这个女朋友呀？

他舍友说：刚好上的呀。

我说：那你知道他以前有女朋友吗？

没承想他舍友说了一句让我非常吃惊的话：他都换了好几个女朋友了，你不知道？

我说：我就知道一个。

他舍友说：一个？光我们学校的就有三个了。

我说：不应该呀，他一直和我高中同学在一起呀，他可是为了我那高中同学什么事都可以做的，不可能喜欢别的女孩吧。

他舍友问：他都付出过啥呀？

我瞬间语塞，很难为情地说：为了我高中同学他能认真学习。

他舍友顿时笑了：你应该了解他吧，他追哪个女生不掀起一番风浪呀，为了追我们班班花在女生宿舍楼下跪了一晚上；为了追一个学妹，每天送一束玫瑰花，把学费都用来买花了；为了追教导主任的女儿更是煞费苦心，又是放烟花，又是用蜡烛摆心，最后竟然自残割腕博取怜爱，现在这不是终于追到手了……

听完孙顺追女生的故事，我没有再继续等下去，我觉得已经没有再劝他们和好的必要了，我也没有把这些事情告诉刘琦，我不想再徒增她的难过。

后来，刘琦离开了北京，回到了她的父母身边。

临走前，我开车去送她，她把所有我可以用到的日用品和书籍都留给了我。

离别前，我对她说：刘琦，忘掉不开心的事情，好好照顾自己。

话一出口便觉得如此苍白无力，远没有刘琦伸出双手给我的一个拥抱有分量。然后她对我说：我会好起来的，小祺，放心吧，回老家记得给我打电话，我请你吃饭。

我笑着向她挥手致意，看着她转身离去的背影，就像一场告别青春的电影，结尾处黯淡而忧伤。

6

爱情中最可悲的不是爱上了一个不爱自己的人，也不是相爱的人最终没能在一起，而是当一个人倾其所有去爱对方的时候却不知道对方到底有没有爱过自己。

我不知道孙顺到底有没有爱过刘琦，只不过后来听说他经常换女朋友，每次追女生的时候都搞得轰轰烈烈，追到手没谈多久就又分了。

我始终没有在学校碰到孙顺，他似乎在故意躲我，又或许为了刘琦的感情老天也觉得没有再劝说的必要了，所以一直没有让我找到他。

很长时间过去了，长得我都快忘记这件事的时候，那天竟是如此机缘巧合，我和我姐在豪丽斯咖啡厅的阳台上聊天，突然看到了孙顺，我不知道那是他的第几任女朋友，但我清楚地看到了他还是那副不可一世的模样。

当他们走到咖啡厅门口时，我把一整杯拿铁从二楼阳台朝他们倒了下去。

我姐吓傻了，说：小祺你干吗呀，你疯了啊。

当听到孙顺在楼下叫骂后，我故意伸出脑袋说：呀，不好意思啊，刚才没看到下面有人。

孙顺指着我喊：你给我下来。

我马上走下楼，我姐紧跟着我下楼替我道歉。孙顺正想对我发火，突然间认出了我，说：你不是左小祺嘛。

我装作吃惊的样子说：是呀，你是谁呀？

他说：我是孙顺呀。

我说：哎呀，孙顺呀，好多年没见了，真是太巧了。

然后我看着孙顺旁边的女生故意说：这是你妹妹吗？真不好意思，对了，你和刘琦怎么样了，你们俩什么时候结婚呀？

孙顺脸色瞬间又变了，说：这是我女朋友，我和刘琦早就分手了。

我说：哦，对不起，我还真想不到你们居然也能分手。

这时孙顺接着说：我们还有事，先走了。

然后拉着他女朋友便走了。

大老远便听到孙顺女朋友的质疑声：他说的刘琦是谁，哼！

然后又隐约听到孙顺的声音：你听我解释……

7

后来我回老家的时候，特意抽时间去看了下刘琦，让我没想到的是她整个人已经充满了阳光，笑容灿烂，与失恋时哭得撕心裂肺的那个她简直判若两人。

我很小心地说话，生怕提起往事让她难过，没想到，她竟然主动提起了那段过往。

她告诉我：从北京回到泰安后，我经过了很长一段时间才走出那段感情，逐渐把生活的重心放在了工作和家庭上，慢慢地发现，这个世界真的有比爱情更珍贵的东西。以前太任性，为了一份自以为是的爱情伤害了好多人，现在我要好好弥补当初的过错，好好对待我的家人，尤其是我自己。

我说：那你后来又谈过对象吗？
她说：从那时起便再也没有谈过男朋友，身边有很多人介绍，但我已经接受不了其他男人了，虽然我和孙顺再也不可能了，但他永远是我心里唯一的男人，只要有他在我心里，我就不会接受其他男人。
我很为她感到不值，可爱情里有什么值不值的呢。
只是我不明白，既然已经走出了那段感情，既然已经不再伤心，既然对过去的一切早已看淡，为什么刘琦却再也没有接受新的爱情。

8

后来我才明白，每一个不想结婚的人，心里都住着一个不可能的人。他们为了这个不可能的人，忠诚着自己的心之所向，恪守着那一份坚贞执着。
而这个“不可能的人”，或许也会怀念，也会感动，也会流泪，因为他们也在忠诚着自己随心所欲、风流倜傥的爱情。

有人忠诚的是爱人，有人忠诚的是爱情，同为忠诚，只是忠诚的对象不同而已。
忠诚“爱人”的人认为：只有与最爱的人在一起，才有真正的爱情，才能称之为忠贞，与不爱的人在一起，心里想的人都不是眼前的人，怎么还能叫忠诚呢？

忠诚“爱情”的人认为：不论眼前的人是谁，不管爱与不爱，只要最终结婚在一起了，就要对他忠诚一辈子，哪怕心里想的是别人，也要守护一个对爱情忠诚的故事。

每个人对待忠诚的认知是不同的，孙顺的滥情也好，刘琦的忠贞也好，或许在他们的世界中那都是正常的事情。如果你是一个忠诚爱情的人，那你就去忠诚你的爱情，如果你是一个忠诚爱人的人，那你就去忠诚你的爱人，但愿我们遇到的是与自己同一类型、同一认知的人，然后相知，相爱，相伴，相守。

如此，便好。

不去解释，因为说来话长，人生苦短，所以求同存异。

如何真正地放下一段感情

我有个叫欣欣的朋友，结婚多年，感情一直不错，可最近她突然向我诉苦说，她与老公的感情出现了大危机，正在纠结要不要离婚。

我知道欣欣是个有感情洁癖的人，接受不了爱情中的任何杂质，她口中的大危机在我看来可能就是些鸡毛蒜皮、陈芝麻烂谷子的事情。

果不其然。

我问她到底发生了什么事情，她说：我那天无意中看到了老公电脑里还存放着他和前女友的照片。

我当是什么大事呢，原来只是几张照片，就因为这几张照片，结婚三年都没和老公吵架的她，决定要离婚。真是验证了那句话：一个选择了洁癖的人，注定这辈子只能和尘埃为伍。

欣欣当时问她老公：你是不是还放不下以前的那段感情？

她老公说：当然放下了，这么多年了早就放下了。

欣欣以自己的思维模式断言道：你说谎，如果你放下的话，就不会还留着前任的照片。

她老公很无奈地说：难道我留了几张照片就是没放下吗？照片只是代表了我过去的一段时光而已，现在就算我偶尔看到这些照片，也没有任何感觉了。

她不听，她当初刚和她老公谈恋爱时，把前任所有的照片都删掉了，前任送的所有礼物和衣服也都转手送给别人了，她认为把前任所有的东西都清除得干干净净才是对现任的尊重，这也正是她目前感到委屈的一个原因，为什么自己可以放弃所有东西，而现在的老公却还保留着以前的照片，一点也没有在意她的感受。

我问她：你当初删掉前任照片的时候是谁让你这样做的？

她说：是我自己呀，因为我觉得这样做是在乎他的感受，不想让他看到我以前的照片难过，可为什么老公就不能和我在乎他的感受一样在乎我的感受呢？

拜托姑娘，你删掉照片是你自己的事情，与你老公删不删他的照片是两码事好嘛！每个人都有过去，也都有对待自己过去感情的态度，你不能拿自己的观念去绑架别人，要求他们也要像你一样。难道删掉以前照片就代表彻底放下了以前的感情吗？刻意地掩盖才是最大的谎言，如果不能真正坦然面对过去的感情，那么就算删掉所有的照片，就算逃到天涯海角，也会被一段回忆扰得夜不能寐、茶饭难进。

真正地放下一段感情不是忘记，也不是不再想念，而是打心底里释怀，就算想起，也不会为此再感到彷徨和纠结。如果只是把照片删掉了，但心里还一直惦记对方，我觉得那样才是最可怕的事情，照片只是个形式，心才是最真的归属！

记得有一个故事：老和尚带着小和尚去化斋，经过一条河流时，他们看到河边站着一位姑娘，想要过河又不敢下水，老和尚就过去把姑娘抱到了河对岸。事后，小和尚一直耿耿于怀，觉得老和尚犯戒了，就问老和尚：师傅，你刚才抱那个姑娘了，你是不是犯了色戒。老和尚说：刚才我是抱了那个姑娘，但我抱完就放下了，而你没有抱那个姑娘，为什么会对此放不下？那你说咱们两个到底是谁犯了色戒？

什么是真正地放下？就是从心底里对此释怀。

曾经有个男人做了一件很傻的事情，他翻看了自己女朋友的微博，两千多条微博竟然被他翻了个底朝天，看完之后就非常不高兴，对自己女朋友说：为什么你的微博里还有你前任的照片，还有你前任给你评论的动态，为什么？为什么不删掉？你是不是还想着他？

他女朋友说：亲爱的，我早就把那段感情放下了，我现在心里只有你。

他说：那你就把你们两个在一起时的照片和动态都删掉，不然就证明你还想着你前任。

女孩没办法，只能一条条翻微博，删掉当初和前任在一起的所有动态。

两千多条微博，她删了一个小时还没删完，女孩突然对男人说：对不起，我们分手吧。

这个男人彻底崩溃了，朝女孩大喊：为什么？难道是因为我让你删掉以前的照片和评论吗？

其实，这个女孩的前任早就结婚了，她选择分手的原因与前任没有任何关系，之所以选择分手，是因为在这删微博的一个小时里，她看到了自己曾经的状态，与现在的生活形成了鲜明的对比，她越来越怀念当初无忧无虑的自己，于是她决定恢复单身，去过自己想要的生活，因为她觉得，生活中不应该只有爱情。
感情不是360强力删除，勾掉防止恢复后就能彻底忘记的。

如果换作我，我倒不介意自己的女朋友保留着过去的照片，因为每个人都有过去，也正是因为过去的故事才让我们更懂得如何对待现在的感情，难道我们不应该感谢过去的故事以及过去的人吗？在当下的感情生活中，越是宽容越能俘获对方的心。你选择了一个女孩就要选择接受她所有的过去，而不是让她删掉以前的照片，不是让她把曾经美好或痛苦的故事强行忘记，不是让她一个人面对所有的过去，而是应该陪她一起承担过去生活对她的磨砺，一起建造一个属于你们的美好未来，这才是最重要的，也是男人应该做的。

一个没有把白酒都尝遍的人，是不太懂得清水的滋味的；一个不懂得尊重过去的人，是不太懂得现在和未来的。所以我有信心成为我女朋友心里最重要的男人，让她知道之前所有的前任都只是过客，所有的过客都不是对的那个人。我认为这才是一个内心强大的人对待感情应有的态度！

活成自己想要的模样才是对彼此最大的尊重

两个人在一起久了，各种行为便养成了习惯，打电话是一种习惯，吃饭是一种习惯，工作是一种习惯，就连吵架也会成为一种习惯。彼此都已经熟悉了这种生活节奏，一旦分开，所有的一切都将变得异常陌生，生活也将变得如此的不习惯。

我们都是这样，只有失去了才知道什么叫失去。

静静和明明都是彼此的初恋，大学时就在一起了，这段恋情维系了五年，最终还是以分手收场。

当初，静静早已把未来的日子憧憬了千万遍，没有一次想过结婚的对象不是明明，因此，最终的事与愿违让她百感交集，甚至自始至终都没有想明白他们分手的原因究竟是什么，或许是因为一次普通的吵架，又或许是谈得太久而失去恋爱的激情，总之，对于分手，她想不明白，捉摸不透。

可是，既然分手了，就算想明白了又有什么意义？女人的心思总是那么细腻，有时不是太较真，而是对全力以赴却仍旧失败的结果不甘心。

作为他们共同的好友，我见证了他们爱情的开始，也见证了他们爱情的终结，本以为我会看懂他们的爱恨离别，但是当静静坐到我面前诉说苦恼的时候，我才懂得，感情仍旧是他们两个人的事情，我只是一个过客。

托尔斯泰在《安娜·卡列尼娜》的开头写道：幸福的家庭总是相似的，不幸的家庭各有各的不幸。其实感情也是如此，天底下有那么多对情侣，他们的人生都因爱情而缠绵交错着，但每个人的爱情故事却又不尽相同，幸福与否都是如人饮水冷暖自知的事情。

那天，我与静静在“一半一伴”咖啡馆聊了一下午，我点了两杯卡布奇诺，这是我认为最有诗意的咖啡名字，本想这杯诗意的咖啡或许可以抚慰她受伤的心灵，但似乎也无济于事，在昏黄的灯光下，我依旧清楚地看到了她忧郁的眼神。

静静诉说了很多他们之间我并不知道的琐碎故事，明显看得出她的不舍，但令我惊讶的是这段感情竟然是她先提出的分手。

我问她：既然你这么爱他，又舍不得这段感情，为什么要提出分手？

她说：因为感觉在一起不合适了，我和他的价值观已经不在同一个方向，经常会因为观念的不同而产生摩擦，相爱已经变成了一种折磨。

很多情侣分手的原因都是不合适，之前我也一直在思考究竟什么是不合适，突然之间我似乎想通了，并不是你喜欢吃辣我喜欢吃甜，也不是你喜欢吃肉我喜欢吃素这么简单，不合适大概就是我不能让你露出笑容，而你也只能让我落下眼泪。

我问她：选择分手你后悔吗？
她说：无所谓后不后悔，只是心很痛而已。

恋爱、结婚似乎本是一体的，但在如今这个复杂多变的社会，它们并不能顺着水的因缘一直流淌下去，于是形成了两件看似相连却也无关的事情，恋爱是一回事，结婚是另一回事。每个正常的婚姻都有恋爱的过程，但每个正常的恋爱却不一定会形成一个婚姻，这是一个在如今社会中不公平又不可逆转的命题。

我不知如何安慰一个刚刚失恋的女生，毕竟我不是午夜电台的知心大姐，面对感情问题，很多时候我也束手无策、不知所措。这个世界也从来没有感同身受一说，针扎在别人身上我永远也不能感受到有多疼，就像静静说的：很多时候我都想把明明杀掉，我得不到的男人别人也休想得到，但更多的时候还是想抱着他。

爱一个人的痛就痛在这里吧。
我们忘记了爱情开始的模样，只记得爱情结束的样子，只因我们都是在感性中开始，又总会在理性中错失，是我们爱错了吗？
虽然我不知道理性的结束是对是错，但是我认为感性的开始一定是没有错的，爱情本来就是一件让人怦然心动的事情，我们都应该听从自己内心的声音，跟着感觉走，那样才是一份纯粹的情感，才是对爱情最基本的尊重。恋爱不是结婚，如果理性地开始，那你面对的一定是一个计较的人，他会计算好各种利弊再选择要不要恋爱，有利于自己就谈，不利于自己就放弃，爱情的纯粹也就在这种利弊选择中消失殆尽。

我把最后一口咖啡喝掉，抬头对静静说：无论结局如何，爱情都是一场修行，感谢彼此曾经的陪伴，即使现在心里有诸多委屈与埋怨。

静静点点头，端起咖啡却没有放到嘴边，而是若有所思地望着咖啡发呆。突然静静对我说：小祺你看，卡布奇诺咖啡刚做好的时候，上面还有一朵美丽的心形拉花，非常漂亮，但是被我喝过之后却像是一杯喝剩下的粥，真像我和明明的爱情，开始的时候彼此都有一种美好的憧憬，但是当恋情结束之后，生活竟然乱成了一锅粥。

感情真的很奇妙，很多时候，纵然彼此仍然相爱，却也难逃分手的宿命。

我们都一样，谁也躲不过。

分手的原因可能就是这样吧，其实心里面仍然还有对方，只是发生了太多事情，让在一起变成了折磨。

最终为了各自安好，选择放弃，连说分手，都需要莫大的勇气。

但是后来我们都很干脆，你没有挽留，我没有回头。

如果你非要问我：忘不了对方怎么办？

那我只能告诉你：努力奋斗，活成自己想要的模样才是对彼此最大的尊重。

只有爱情才是见证我们青春的证据

曾经的我，什么都没经历过，却喜欢把自己装扮成一副历经沧桑的样子。

年少时我喜欢伍佰，尤其喜欢伍佰的那句歌词：纵然带着永远的伤口，至少我还拥有自由。每当想起这句话，我都觉得伍佰实在是太酷了。

那时的我只有 14 岁。

这句歌词在很长的一段时间里一度成为我的口头禅和座右铭，经常被我写在各种笔记本中，暗自欣赏。

有一次，当我在家里把伍佰的 CD 放入影碟机中，然后对着电视模仿伍佰的样子，口中还不停地唱着：我累了，我想找一个家。

坐在沙发上的妈妈笑得合不拢嘴，姐姐瞪着不解的眼神问我：你知道什么是累？什么是伤口吗？

我说，当然知道了。

那时的我真的以为自己是知道的。处于青春期的我们就是这样，总喜欢把自己装扮成与众不同的样子，好引起周围人的注意，于是我们拼命地长大，去做一些与年龄不符的事情，吸烟、喝酒、上网、早恋、打架……好像每个人的青春中都少不了这些词汇，原因其实很简单，只是因为那时的我们都太幼稚，除了这些找不到能显示自己独特的方式。

留一个杀马特发型，穿一件奇装异服，好显得自己品位独特，气质超群。

听一些伤感的音乐，撕心裂肺地在大街上吼两句，好显得自己有多潇洒。

抽一根劣质的烟，喝一瓶无味的酒，好显得自己为爱疯狂，被情所伤。

写一些伤感的文字，无病呻吟，顾影自怜，好显得自己情感丰富。

…………

后来，十几年就这样过去了，在这些年里，朋友们不断地相逢，又不断地离别，就像爱情一样，为了寻找一个合适的伴侣不断地分分合合。

突然间发现，大家都改变了，发型变了，衣服变了，给人的感觉变了，就连喜欢的歌星也早已换了好几茬。

现在的我，很久没有听伍佰了，不是不喜欢了，也不是过时了，是不敢再听了，因为一旦想起熟悉的旋律，我便忍不住泪流满面。

小时候觉得悲伤很酷，听催泪的情歌，写决绝的字句，生怕自己看起来没情绪。现在想来，当时真是多虑了，人生的疾苦都会在未来的路上埋伏好等你出现，一样也不会少你的，一样你都躲不掉。

后来的后来，偶然间在马路上看到一个十五岁左右的男孩，留着杀马特发型，穿着乞丐服，抽着烟，身边还领着一个同样年龄的女孩。我笑了笑，对身边的姐姐说：姐姐，你信不信，以前我也是这个样子。

姐姐笑了笑说：我也是。

妈妈一脸无奈地说：别告诉别人你俩是我生的，丢不起这人。

回想当年，看看现在，原来，只有爱情才是见证我们青春的证据，也总是有人在重演我们的故事，正因为如此，也不得不对青春说声再见了。

再见青春！再见我们的爱情！

到底是谁规定了结婚才能幸福

父母：你年龄这么大了还不找对象，到底要什么时候结婚啊？

孩子：为什么非要让我结婚？

父母：因为我们想看到你幸福！

孩子：没结婚我现在也很幸福呀。

父母：你不结婚哪来的幸福！！！

孩子：……

幸福的标准是什么？结婚？生孩子？还是组建一个家庭？难道结婚之后我们就真的幸福了吗？

讲一个我高中同学的故事。

在我上中学的时候，我们班级里有两对让人羡慕的情侣，一对学习优异，一对长相出众。他们的恋情走过春秋，走过冬夏，走过老师的批评，走过家长的反对，竟然依旧如人民币一样坚挺，着实让人羡慕。

开始的时候，大家在羡慕之余也在背后打赌，猜这两对儿情侣究竟哪一对儿会率先分手。然而让许多打赌看热闹的同学失望了，他们的爱情走完高中之后又都坚守到大学毕业，之前背后八卦的同学再也不拿他们打赌了，因为大家都认可了这两对的恋情，认为他们一定都能走到最后。

出人意料的是，大学毕业不久，这两对曾经让人羡慕的情侣却相继分手了。

分手后不久，其中一个女生便又开始了新的恋爱，一个月后，就与别的男人结婚了，对方有房有车有存款，一切条件都还不错，只是她并不爱那个人。婚礼上，司仪问她：你爱你的新郎吗？明明并不爱，但她连想都没想便脱口而出：爱。婚后不久，她便有了自己的孩子，之后相夫教子，看似生活美满。

另一个女生却始终走不出前任的影子，至今再也没找男朋友，随着年龄的增长，父母的催婚也越来越急，不断地安排她相亲，但她却始终没有与任何男人开始新的恋情。转眼间，她与前任开始恋爱的时间已经过去了十年之久，但一切都恍如昨日，就连他们第一次牵手时的情景她都还清晰地记得。

女人受过一次伤之后通常会做出两种极端反应，要么很快结婚，要么一生不嫁。虽不是绝对如此，也没有对错之分，但我认为，最主要的还是看你是否在之后遇到了对的那个人。

后来，我问了她们俩同一个问题，回答截然不同。

我说：你喜欢现在的生活状态吗？

结婚的同学说：我特别不喜欢现在的自己，没了自由，没了梦想，没了激情，每天重复同样的事情，这种状态让我无时无刻都想要逃离，但是却又离不开，一切都被家庭和孩子所束缚着，再也找不到曾经的自己。

没结婚的同学说：我现在的状态很满足，虽然在别人眼中我什么都没有，没有男朋友，没有家庭，也没有孩子，虽然偶尔也会幻想，也会思念，但我并不羡慕别人，也并不觉得孤单，因为我有属于自己的生活，有我自己想做的事情，从不会觉得孤独。虽然什么都没有，但我也可以什么都拥有，时间，阳光，风，我都可以拥有，因为我拥有我自己，这种状态让我明白，就算一辈子不结婚也没什么不好。

在世俗眼中，一个人只有结婚了才能得到幸福，但我却不敢苟同。因为很多人结婚了却并不知道幸福是什么样子，而很多没有结婚的人，也从没有不幸福的样子。

幸福是一种状态，不是一个形式，有些人在婚姻中找到了幸福，有些人的婚姻却是他不幸生活的开始。所以说，结婚不一定幸福，不结婚也不一定就不会幸福，幸福与否，主要看我们的内心状态，而不是世俗意义上的形式。

想起了我的好朋友赵音慈老师，她是某品牌的特邀讲师，虽然结婚三年了还没有孩子，但我觉得，她很幸福。

我和她是在五棵松“一半一伴”咖啡馆里面偶遇的，当时我在做咖啡，她进店之后从我的“左小祺书吧”的书架上拿起一本书，然后问：这本书可以借走看吗？

咖啡师胡一方说：可以借阅，好巧，你选的书就是正在做咖啡的小祺写的。

之后她的目光看向了我，我抬头看向她，我们给了彼此一个甜美的笑容，然后她对随行的男士说：快给我和作者一起拍张照片。

从那之后我们就成了朋友。

后来我才知道，那天帮我们拍照的男士正是她的老公，名字叫孙力。

我很少看到他们一个人单独行动，除非他们中有一人去外地出差。

后来有一次，我问了她很多关于婚姻的问题，其中有一个回答让我感受很深。

我问她：你永远不会因为婚姻放弃的东西是什么？

她说：自己。

两个字，简洁却也直观，这就是她的婚姻态度。

很多人会认为，结婚三年了还没有孩子的家庭是不会幸福的，但是我却非常理解和欣赏她的婚姻，就像她说的，不会因为婚姻而丢失自我。

我经常看到她和老公一起行动：一起去公司、一起去咖啡厅、一起去电影院、一起读书。他们给我的感觉真的不像夫妻，而是热恋中的情侣。
有些人的爱情结婚之后就死了，但他们结婚三年了还一直处在热恋中的状态，我想，那不正是我们想要的爱情的模样吗？

是谁规定结婚了才能幸福，又是谁规定结婚之后有了孩子才能幸福。
有些人结婚了，变得越加美丽；有些人结婚了，却迷失了自己；有些人没结婚，渴望拥有一个完美的家庭；有些人没结婚，却也活得精彩十足、魅力无限。
婚姻带给我们的可能是幸福，也可能是不幸。幸福的婚姻会让双方变得更好，不幸的婚姻会让双方同时丢失自己。
幸福是一种感觉，与婚姻无关，与任何形式无关，那种感觉只属于自己的内心。

选择幸福地结婚，而不是潦草地凑合

每当跨年的时候，最热闹的一定是朋友圈，有人感叹时光的飞逝，有人唏嘘年华的短暂，有人会对离去的一年进行简短的总结，也有很多人会对新一年寄予最美好的期待。总之，大家跨年的时候总要在朋友圈说些什么，好似这样才更有意义，才不会轻易被世界所遗忘。
去年许下的美好愿望，今年的你实现了吗？纵使你如我一般并未触及梦想的衣角，但这也不妨碍我们对美好生活的期待。

随着年龄越来越大，我们所要面对的事情也变得越来越多，很多时候我们总感觉时间走得太快，根本不够用，其实，那是因为时间对我们来说愈发重要了。在不知不觉的成长中，青春在悄无声息地流逝，转眼间，年龄就到了，如期而至，从未缺席，那大家昨日的种种梦境，都成真了吗？
那群莽撞少年如今大多已经成家立业，不知道这是否就是大家曾经想要的生活，或许它是人生的自然规律，是某个年龄段所赋予人类的特殊使命，但是，却总有一些人在用青春与这个使命努力抗衡，只因如今的生活并不是自己年少时幻想的模样，他们不愿像大多数人一样缴械投降，哪怕最后的结局是头破血流，也总好过没有与之抗衡就妥协。

妈妈打电话对我说，你那个发小都生二胎了，你却连个结婚对象都还没混上，也不知道着急。回头一想，确实到了该结婚的年龄了，但我觉得那并不该是人生的终点，干吗非要拿结婚来衡量一个人的成败呢？结婚并不是一个人的成就，我不会因此觉得失落。我有自己的生活节奏，有自己的交际圈子，读书、写作、运动，哪一个都不会让我感到无聊，而且我还有我的梦想，追逐着，也幸福着，为什么非要随便找一个人来打破原有的快乐呢。

如果有一天遇到了那么一个彼此喜欢，彼此欣赏，彼此迁就也能彼此成就的人，我愿意让她进入我的世界。我一定会选择幸福地结婚，而不是潦草地凑合。

很多人都在羡慕别人的生活，就像我们在泰安却看着《北京爱情故事》，就像我们在北京却唱着《成都》，总有一些感觉是让我们心神向往的，它们是我们喜欢但周围却缺少的，有些人会选择妥协，认为生活本该如此，但也有人不愿放弃，不断追逐着自己想要的生活。

我们该做的，就是尊重自己的选择。如果你是一个喜欢平淡的人，那你就尊重自己的平淡，如果你是一个喜欢激情的人，那你就尊重自己的激情，谁也无法规定谁对谁错、孰是孰非，幸福本就是一种感觉，你要的生活符合你的本性那就是对的，管它是相夫教子还是浪迹天涯呢。

只要你找到了属于自己的生活，你就是幸福的，因为这种生活会成为你生活的常态，它不会打乱你原有的生活节奏，日子是一直过的，如同幸福，从不会因为别人的生活而发生本质的改变。

2017年之后，我的兄弟焦中理给我看了他的写作计划，然后每天都会给我发来他的新作，有散文，也有诗歌，创作已经成为他生活的常态，我想这何尝不是一种幸福。

2017年已经过去十天，在这十天之中，我接连读了李尚龙的《你只是看起来很努力》、汤木的《将来的你，一定会感谢现在拼命的自己》和李亚的《直播》三本书，并且第四本书也已经读了一半。

我确信这就是我生活的常态，虽然读书不能带给我富贵，却能带给我看淡富贵的心态，不会因贫穷而焦虑。我也确信，所有喜欢的事情，如果能有个我喜欢的人陪我一起做，那自然更加美好，如果没有，也应该努力提升自己，然后去遇到一个无须取悦的人，而不是一成不变地守株待兔。

幸福就是这样一种感觉，它不是一时的惊喜，也不是别人眼中的快乐，而是自己内心世界的一种平和，一种不被外界干扰的生活节奏。一时惊喜的背后可能就是无尽的落寞，别人眼中的快乐更可能是只有自己能体会的凄凉，只有生活的节奏成为自己想要的常态，内心才能滋生强大的力量。

虽然又长大一岁，但是我依旧选择永远追逐梦想，永远热泪盈眶！

我是对你好，感动了自己却伤害了对方

如果你希望她过得幸福，就不要妄加干涉她的生活，任她在家中摔盆子、砸碗吧。

有个朋友结婚后对我哭诉说，她老公和她哥哥闹了矛盾，自己夹在中间不知道怎么处理才好。

我说：那你能告诉我起因吗？

她说：我也不知道怎么回事，就是我哥经常要求我的老公要对我好点，我老公就很反感，嫌我哥画蛇添足——多余。

我问她：那你老公对你好吗？

她说：好呀！

你哥哥对你好吗？

当然，我哥哥从小看着我长大，不允许我受半点委屈，只是我和老公一有点小矛盾，我哥就会大动干戈地找我老公去为我讨个公道，渐渐地，矛盾就出来了。

一边是亲人，另一边是爱人，两个人都希望她幸福，这本来是一件

非常美好的事情，可问题往往就出在这里，看似没有任何冲突的关爱却成了矛盾的导火索。

我想起前几天在马路上看到的一个求婚现场，男生单膝跪地向女生求婚，女生流着泪点头答应了，而这时女生的闺密却在旁边恶狠狠地对新郎说：她是我最好的闺密，你一定要对她好，否则我是不会饶了你的。我觉得，这就是问题的所在。

就像那个闺密一样，看似是为了女生好，却往往适得其反，“一定要对她好”，那么这个“对她好”的标准是什么？这个标准又该由谁来制定呢？所以，无论站在什么立场，我们首先要清楚的就是当他们结婚后，在一起生活过日子的是他们而不是你，你如何能用旁观者的身份去制定标准呢？不管你是她的闺密、亲人、还是父母，如果希望她过得幸福，就不要妄加干涉她的生活，任她在家中摔盆子砸碗吧。

我们都习惯了用自己的人生观和价值观去衡量别人、要求别人，但结局往往都不尽如人意，我们能过好的也就仅限于自己的人生，妄自干涉他人的人生只能给他人带来困扰，也给自己留下一身疲惫。

张晓晗说：“家里人”就是能轻而易举毁掉你幸福的那些人的总称。在某种程度上我觉得这句话挺对，人们最可笑的就是连自己的生活都过不好，还妄图干涉别人的人生。

在这方面，我有个同事的妈妈就做得很好，有一次，我见我的同事和他的媳妇在吵架，吵得面红耳赤，几乎到了天翻地覆的地步，而他的母亲却平静地坐在旁边看电视，就像旁边争吵的人不是她家人一样，我觉得这样的母亲实在是太有智慧了。

一边是儿子，一边是儿媳，帮谁说话都不合适。帮着儿媳说话吧，又不忍心看到儿子受委屈，帮着儿子说话吧，这话一出口，首先婆媳关系就弄僵了。如果婆媳关系弄僵了的话，那么今后最为难的一定是儿子。所以，最智慧的方式就是一辈子不管两辈子的事，任他们自己去争吵吧。

我们都知道《白雪公主与七个小矮人》的故事，最后白雪公主与王子幸福地生活在了一起，但我们谁也不知道白雪公主结婚后的故事，假如《白雪公主与七个小矮人》有续集的话，我相信白雪公主也会在家里摔盆子砸碗的。

爱一个人就会有各种挑剔，但也会有各种原谅。争吵是免不了的事情，但爱情是经不起别人挑剔的，作为家人、朋友，我们希望她过得好就不要以自己的价值观来衡量她的感情，那样只会制造出自己希望她过得好的假象，感动了自己却伤害了对方。

学会成长

干吗非要勉强自己长大

有句话说得好：别睡得太晚，别吃得太饱，别对人太好，别信得太真，别爱得太满，别要得太多，别涉世太深，别懂事太早。在我们的生活中，所有的事情都应该把握一个分寸，太满或太浅都不可能是好的状态，唯有恰到好处才是生命中的幸运。然而，恰到好处并不是一件容易的事情，有时是难以把控，有时是身不由己。

高原在诗歌中写道：原来错过，就是过早或者过晚。因此，不管是爱情还是其他事情，把握好分寸是一件非常重要的事情，很多事情是不能勉强的，它需要一个水到渠成的过程，就像妈妈说我是一个长不大的孩子，但是我知道自己早晚有一天会长大的。

人不是到了一定年龄就忽然长大的，而是在时光荏苒、四季更迭中慢慢成长的。

在妈妈的眼中，我永远是一个长不大的孩子，永远让她有操不完的心。

就在前段时间，我回了趟老家，妈妈与我重聚的激动仅仅维持了一天时间，第二天就对我表现出了各种嫌弃的神态，当然，还有各种唠叨：

——你怎么还不睡觉去？

——你怎么还不起床？

——你怎么不知道收拾屋子？

——别玩电脑了，快过来吃饭，你怎么吃得那么少，再多吃点！

（我已经吃了两个火烧了，还少？）

…………

最后，妈妈对我的结论就是：真不知道你在外面是怎么过的，到什么时候才能长大啊！真是愁死人了。

当我对妈妈说我已经长大了，在外面能照顾自己的时候，妈妈便会更加激动，唾沫横飞地指责我说，你看人家谁谁的孩子都快上幼儿园了，你看人家谁谁今年准备结婚了，你长大了怎么也不知道为你的终身大事着急呀。

每当这个时候，我也只能哑口无言地跑开。

很多人都会遇到被家长催婚的时候，父母有父母的期盼，孩子有孩子的想法，当两者不能互相理解时，矛盾就会越来越深。

很多父母认为，孩子有对象了也好有个照应，在外面打拼最起码不会感到孤独，所以就催着孩子找对象。等孩子有对象了，父母就觉得，必须得结了婚才算落地，结了婚孩子才能踏实地过日子，那样才会幸福，所以就催着孩子结婚。等孩子结婚了，父母就盼着抱孙子，结婚有了孩子才算是个完整的家呀，因此又催着快点要孩子……

我明白，父母的催促全是为了孩子好，他们最大的心愿就是子女能生活幸福，所以他们才会不断地催促孩子快点成长。然而如今的社会生活状态并不是父母想象的那样了，生活的幸福也并不是统一的模式，有的人结婚了也不见得有多幸福，有的人选择了不结婚，选择了丁克，反而生活得很充实，很开心。

注意，我这里说的是有的人，并不是全部。

选择什么样的生活方式，就会体验什么样的人生。

我身边有个朋友叫小芬，30 岁了还没有找男朋友，我曾问她：你一个人不孤独吗？

她说：有时也孤独。

我问：那为什么不找个男朋友呢？

她这样回答：曾经也试着找过，但是当追求、价值观、生活方式等不能达成统一的时候，就会出现各种矛盾，就会吵架、争执，如此一来，你就会发现，自己反而更孤独了。

一个人孤独，两个话不投机的人在一起更孤独。或许这就是很多人选择单身的理由吧。

明明我可以挣钱养活自己，明明我有精力做自己喜欢的事情，明明我可以活得很好，既然如此，那又为什么非要找一个人来约束自己，管束自己，浪费自己的感情、精力，打破自己原本舒适的生活状态呢。

所以当父母不断地催婚时，矛盾就这样产生了，大人埋怨孩子不理解当父母的良苦用心，孩子觉得父母就是“揠苗助长”的现实版本。

其实，干吗非要勉强自己长大。成长是一生一世的事情，在死亡来临前我们都是需要发育的孩子，每个人的生命历程是完全不同的，经历的不同，体验的不同，生活的心态也会不同。谁也无法规定25岁的人就必须成熟，就必须心智健全，就必须有家庭责任意识，就必须有能力结婚成家，如果一个人年龄到了，能力与意识还在路上的时候，那么，结婚就是不负责任的选择，多少人生活在婚姻的痛苦中无法自拔，或许当初他晚一年或两年结婚，结局就会发生根本性的改变。

所以说，很多事情是不能勉强的，干吗非要勉强自己长大呢。

别睡得太晚，别吃得太饱，别对人太好，别信得太真，别爱得太满，别要得太多，别涉世太深，别懂事太早。

祝你好运。

一个人的 KTV

当我来北京的时候，有一群朋友总喜欢叫我去 KTV，我从小就不会唱歌，所以很少去这种地方，后来发现，那些叫我去 KTV 的人，他们也并不是多么喜欢唱歌，而是喜欢在 KTV 里喝酒撒欢。

更有甚者，会叫陪唱的小姐。那天有个还算有头有脸的人物，叫我们一群人去 KTV，当我们坐下之后，他对 KTV 的大堂经理说：有没有小妹？

大堂经理说：有，您稍等。

不一会儿工夫，就有好多美女进来，在我们面前站成一排，让我们随意挑选，一般都是一人选一个，我不敢选，他们就硬让我选，好像我不选就是不合群，不给他们面子。

我说：我可以不选吗？

他们说：你是不是男人，不选我给你选了。

然后就指着其中一个女人说：你，坐他这儿。

那个被选中的美女，看起来有三十几岁，笑容可掬地朝我走过来，坐在我身边说：帅哥，你好。

我说：你好。

然后，她端起酒杯就敬我酒喝。

她身上的胭脂香味让我有些眩晕，有一搭没一搭的谈话让我更显尴尬，或许是我不会唱歌的缘故，也或许是我不擅长与陌生人交谈的缘故，看到周围的人拿着麦克风鬼哭狼嚎，与坐在身边的女人把酒言欢、卿卿我我，我却始终找不到其中的乐趣。

快到点儿了，坐在我身边的美女对我说：你好腼腆，是不是第一次来 KTV 叫小姐？

我点点头，没有说话。

她们毫不忌讳地称自己是小姐，我不知道是习惯了这种称呼还是早已适应了现在的生活。

临走前，坐在我身边的女人挽住我的胳膊说：帅哥，给我点小费吧。

我不懂她们的规矩，就低头问身边的人：不是有人请客，为什么她还和我要小费？

身边的人对我说：包房、酒水有人请，找小姐的费用要自己出。

我又问：小费要给多少？

他说：随你啦。

坐在我身边的那个女人见我有些迟疑，边挽着我的胳膊边撒娇：帅哥，快给我啦。

话音刚落，她就伸过头来要亲我。

我用胳膊挡住了她，她瞬间笑了：你可真单纯，以前都是客人想亲我，这次居然被客人拒绝了。

我感到极度不适应，对她说：你要多少小费？

她说：300 块。

我掏出 300 块钱给她，包厢里，其他人还在借着酒意互诉衷肠，我先起身离开了。

走出 KTV，我紧绷的情绪瞬间放松下来，深吸一口气，自由的感觉便回来了。

那时我 21 岁，走在街上，当午夜的风吹过发梢的时候，我才察觉，原来，有一种状态是不属于我的。周围人影幢幢，声色犬马，我在其中却根本找不到属于自己的节奏，那种感觉，比寂寞更寂寞。

就在我独自站在马路边等我那一群朋友时，恰巧碰到了正下夜班回家的一个朋友——可心。

她很惊讶地问我：左小祺，大半夜你站在这里干吗呢？

我说：等人。你干吗去呀？

可心说：我刚下夜班，回家，就住在前面的小区。

然后看着旁边的 KTV，可心说：你不会刚从 KTV 出来吧。

我没有说谎：嗯，是呀。

她说：左小祺，你别学坏了。

这句话让我感到风声鹤唳、草木皆兵，隐隐约约地，自己仿佛身处沼泽的边缘，仿佛一失足就会成千古恨。

后来，别人叫我去聚会，一听说地点在 KTV，我就找借口婉拒。

有一次，一个哥们儿过生日，盛情难却，不得已再次与他们去了KTV，同样的地点，同样的流程，同样的感觉，他们叫来一排美女让我挑选。

这么多年，我总是做不到圆滑世故，与不投机的人在一起总让我尴尬，而且，我觉得，一个女人坐在你身边聊会儿天就需要花 300 块钱，实在太奢侈，尽管能支付得起，我也觉得那是在糟蹋钱，是一种罪过。

当他们一直催我选女人的时候，我说，我自己带了，一会儿就到，这才让他们暂时放我一马。

我翻着手机通讯录，发信息给可心：你睡了吗？

可心说：正准备睡呢，怎么了？

我说：来救我一马吧，我在 KTV。

可心说：这么晚了，我都准备睡了。

我说：他们非让我找陪唱的，你方便的话来救我一下吧。

可心说：为了不让你学坏，我就舍命陪君子吧。

不一会儿，可心打车过来，我带可心进入包厢，他们都在欢呼，说我深藏不露。

有个陪唱女人还朝我竖起大拇指，说：可以呀帅哥，这么晚都能叫出美女来。

我笑笑说：江湖义气，江湖义气……

后来，我与那些人渐行渐远，再也没有同他们一起去过 KTV。也许命中注定不是同一类人，离开之后并没有任何不舍，也不会感到孤单寂寞，相反，我活得更加轻松自在了。

刘若英说她人生中最重要的一句话是：选择我所能承受的。

以前读不懂，后来才明白。我也希望永远握有自己的选择权，选择自己真正喜欢的一切，而不是因为寂寞而将就、攀比而谄媚、无知而任其自然。

多年之后，我认识了歌手马潇潇，一次聚会之后，她邀请我去 KTV，我们几个朋友一起，选择了附近的 KTV，那种感觉完全不同。

没有觥筹交错，没有灯红酒绿，没有虚情假意，我们只是安安静静地唱歌与安安静静地听歌。

那时马潇潇《孝敬不能等》的专辑还没有发行，她还没有出道当歌手，那时我只会在一旁认真聆听，并感叹：怎么唱得这么好听。

她让我唱歌，我说我不会，她说：那你不无聊吗？

我说：我在听你们唱歌呀，一点也不无聊。

后来的后来，再次去 KTV 是几年之后的事情了，这次是我与另一位歌手申烨，她也是一位与我极为投缘的好友，因为我们的兴趣爱好、价值追求都极其相似。

她会认认真真地唱歌给我听，但从来不勉强我去唱歌，因为她知道，在人前我总是羞于唱歌的。

她会借去卫生间的空当对我说：给你一首歌的时间。

我会趁这个时间，选首自己的歌，然后深情号叫……她会站在包厢门口，等我唱完之后再进来，对我说：我可是听到你唱歌了哦。

我会不好意思地笑笑，但是心里很感激，朋友就是这样，尊重彼此并可以照顾好对方的一点点小缺陷。

我知道，我并不是不喜欢唱歌，只是因为自己唱歌太难听了，不喜欢在人前献丑而已，但这并不妨碍我对音乐的喜爱。

去年，在我住所附近的华熙广场上新开了一家 KTV，开业之际为了吸引客源，推出了很多优惠活动，那天我和周云湘正好路过，就办了一张会员卡。

从此之后，我便经常一个人跑去唱歌。

一个人的 KTV 是一种很特别的感觉，有孤单但更有乐趣，有寂寞但更有自由。

我把自己关在包厢里面却感到像一只脱笼之鹄，我会选满我喜欢的歌，把声音调到最大，然后尽情地大声唱，没有人会在意我唱得有多难听，也不用照顾他人的感受，我非常享受这种时刻，在一个人的 KTV 里面，可以酣畅淋漓地释放自己。

即使改变不了世界，这个世界也休想将我们改变

倘若时间允许，倘若阳光正暖，
我会为你冲一杯午后的咖啡，
让时光告诉你，什么是一见如故。

倘若故事未满，倘若机缘正巧，
我会为你点一颗淡淡的凉烟，
让岁月告诉你，什么是久别重逢。

认识歌手申烨是在多年前的一次朋友聚会中，第一眼看上去，她像是中学时代惹人怜爱的校花，漂亮甜美。之后我们互加了微信，在朋友圈中便可看到她的生活状态，阳光自信，给人满满的正能量。后来我们经常会为彼此的动态点赞，殊不知，这个“点赞之交”竟然成了多年未见但却神交已久的老朋友。因为在很多时候，她所表达的，正是我想诉说的；我所书写的，又恰巧符合她当时的心境，久而久之，我们就不约而同地成了彼此的精神伴侣。

不是所有的相遇都会有久别重逢的感觉，就像不是所有人都能有一见如故的惊喜。我相信那句话：你是什么样的人，就会遇到什么样的人，他们会来到你身边，与你同行。大千世界，芸芸众生，我们在人生的路上，都会遇到和认识许许多多的人，但心灵相通的却寥寥无几，因此俞伯牙摔琴谢知音的故事才会源远流长，“士为知己者死”的悲壮才显得如此深入人心。

她是做音乐的，我是写文字的，然而艺术总是相通的，偏偏我们又有着相同的生活态度，所以我明白，人生能相遇，已是不易；心灵若相知，更要珍惜！

我是一个不会唱歌的人，所以对于歌手，我不仅有崇拜，更多的是羡慕。

当我在外面演讲的时候，总有些人提要求说：左小祺，能不能给大家表演个节目？遇到这种情况，换作别人通常会给大家唱首歌，但普通话都没达标的我，演讲已经算是鼓足勇气了，唱歌实在是难以启齿。

然后就有人问：那你会什么才艺？我说：我从小的天赋和才艺可能就是跑步。上学时的运动会上，不管是长跑还是短跑我都能拿很好的名次，但是在十几平方米大的讲台上表演跑步显然不合时宜。

我最羡慕的就是会唱歌的人，唱歌能很好地应对多种场合，而且还能给自己的形象加分，最主要的是唱歌真的能给人带来快乐，就像我这种五音不全的人，也喜欢在没人的场合放声歌唱，虽然发出的是鬼哭狼嚎的声音，但唱歌真的会释放自己的身心，让我从心底里感到快乐。尤其是把自己完全沉浸在音乐中时，那种放空自我，天人合一的状态，简直让人迷醉。

申烨就是这样一位音乐人，我喜欢她并不是因为认识她了才去喜欢她，而是因为她带给了我别的歌手所不能给予的感觉。

这个时代的歌手很多，但也鱼龙混杂，在北京这样的城市中，很容易接触到明星，我也曾遇到和认识过很多歌手，但能让我喜欢到想去深交的却没有几个。申烨是个例外，因为在她的音乐中，我感受到了不一样的东西，那就是真诚。

她在乐团负责的是扬琴和中国大鼓，每次看她在舞台上演奏时，那种忘我表演的状态给我带来了极具震撼的精神享受，让人情不自禁地走进她的音乐世界，接受音乐的洗礼。她的歌曲就像她的表演一样纯粹，没有世俗的喧嚣，没有人为的造作，如同写在水上的诗句，自然而然顺着水的因缘缓缓流淌，流进人的心底，流进人的回忆。

不知在多少个难眠之夜，我都听着她的单曲《彩蝶》思绪万千。她的表演，她的歌曲，是我一直钟爱的类型，因此，我喜欢把她的歌曲循环在每一个浮生半日闲里。

随着年龄的增长，自己最大的变化就是越来越知道自己喜欢的是什么，想要的是什么，我觉得这很重要。

我是学新闻的，在新闻专业中，我们经常会谈到大众心理学的“乌合之众"心理，以前我也是那样的人，盲目地去追逐一些并不属于自己的东西，后来才发现，那些别人认为好的东西或许并不适合自己，别人为之疯狂的事情或许我对它真的不屑一顾。音乐也是一样，现在很多歌手，我不喜欢他们并不是说他们唱歌不好听，也不是他们长得不帅不美，而是像王杰老师说的那样，现在的歌手很少有人用心唱歌了。他们都在追逐绚丽的技巧、浮夸的表演，很少有人去安安静静唱一首纯粹的歌，所以像姚贝娜、赵雷、孙露那样的歌手才会显得如此特别。

申烨是我所接触的为数不多的真诚的歌手，她的歌曲就像她的人一样真诚。

我们曾相约过几次，但都因为工作的原因不能如愿相聚，前些时候她推掉了应酬，千里迢迢来找我，我也放下了所有的工作，终于与她久别重逢。

那天，我们在我的书吧里喝咖啡，从中午一直聊到晚上，后来又一起去音乐餐吧吃晚饭，记得那晚，菜几乎没动，但笑容一直未停。

我越来越喜欢在自己的小世界里做自己喜欢的事情，和自己喜欢的人去喜欢的地方聊喜欢的话题，那样的时光才不被虚度。

由于工作和生活的压力，好久没有这种身心放松的感受了，心里一直激动着，开心着，忘了饥饿，忘了悲伤，忘了曾经为何徒劳。我们需要这么一段时光，它是安静的，它是闲适的，它是可以被浪费的。

看着餐吧的驻唱歌手在唱歌，申烨拿着筷子、敲着盘子附和起来，如同一个孩子得到了自己想要的玩具。很羡慕这样一种人，在专业领域内优秀而迷人，在其他地方又可以活泼可爱得像小朋友，理智成熟并且还有珍贵的少女心。

从餐厅出来，申烨对我说她想唱歌，我便带她到了广场上的唱吧小亭子里，她对我说：左小祺，你想听什么，我今天唱给你听。

偏偏当时我的脑子瞬间短路，一首歌的名字也想不起来。于是我打开手机酷狗音乐，选了一首《在我的歌声里》，申烨说：这首歌唱给左小祺。

在我的世界里，带给我惊喜，情不自已……

特别喜欢这种可遇而不可求的感觉，因为不知道什么时候出现，所以才会显得那么喜出望外，因为不用去刻意追求，所以才显得如此珍贵。

我和申烨虽属于不同的行业，但很幸运我们的精神追求如此相似，在别人眼中看似另类的行为，在我们心中，或许那才是让自己最为享受的事情。不愿与别人雷同，不愿被别人同化，即使我们改变不了世界，世界也很难将我们改变。

再见，申烨，愿我们再次相遇时，能如现在这般，笑颜如初。

愿你永远都是用心唱歌的那个赵小雷

当朋友圈刷满你的消息的时候，我才知道，赵雷，你终于火了。

原来你去参加《歌手》了，而且还打败了林忆莲、迪玛希、杜丽莎……排名第二，成功晋级。一曲《成都》俘获了不少观众的心，没有花哨的技巧，没有华丽的辞藻，自然而然的真情流露，温暖我们的内心，而你依旧是T恤牛仔裤，蓬松的头发，低调得如同你的歌声，细腻清新，唱尽纯真质朴。

你曾说，《成都》是写给这座城市的情歌。

和我在成都的街头走一走，直到所有的灯都熄灭了，也不停留……走到玉林路的尽头，坐在小酒馆的门口……成都，带不走的只有你……

一曲《成都》竟然让流浪也变得那么浪漫。

没错，就是这首民谣，让我一度痴迷到单曲循环却怎么听都听不厌。

记得这首歌刚推出的时候，我正在追一个姑娘，每当我们走在北京的街道时，我总会忍不住在她身边轻轻哼起这首歌。遗憾的是我没有动听的嗓音，唱不出你的细腻清新，后来她实在忍不住了，问我为什么老是唱这首歌，能不能换一首。

喜欢民谣，有时候连带着喜欢歌手本身的气质。就像喜欢一个人，“三观”很重要，但是感觉也很重要。

后来，我与那位姑娘在感性的追求中渐行渐远……

我多想有那么一个人可以听懂我的情有独钟，也多想有那么一个人会挽着我的衣袖，而我把手揣进了裤兜。就像赵雷说的：我是个普通人，想要买房结婚。当然，我们也都是普通人，都渴望有个人能和我们手挽手心连心，简简单单地谈一场纯粹的恋爱。因此后来你的这首歌越来越火，我一点都不觉得奇怪。

记得在你的作品下面的评论区里，有人这样写：

你真的红了，很开心，内场票也可以卖到1000块以上。虽然以前50块就能听你的livehouse（小型现场），现在越来越听不起你的演唱会，但是没关系，我会努力变得跟你一样好，民谣不应该穷，以前你吃过的苦都是值得的。难过的日子都是你陪我一起过的，你说你是个普通人，想要买房结婚……

看到这样的评论，我瞬间被感动了，不仅是因为那些你的歌曲陪伴我的日子，更多的是你终于火了，我也就放心了。

三年前，有一次和大冰在海底捞吃火锅的时候，我问大冰：赵雷的嗓音那么好，为什么不走流行路线，而是唱小众的民谣？

大冰说：谁说民谣歌手不会红，赵雷不红，天理难容。

后来才知道，你的每一首歌都是一个故事，所以你才显得那么真诚。

我也特别能理解你为什么会坚持小众的民谣了，因为我也曾有过这样的感受，写着一些不同角度的文字，不同观点的文章，不被人看好，也常遭到怒骂和嘲笑，但也无妨，就像你面对质疑时说的：那是因为理想。

于是我很自然地成为最初喜欢你的那一批人中的一员。后来我把你的音乐，你的故事推荐给身边的朋友，他们大多也都变成了你的歌迷。

大年初六的时候，我和兄弟焦中理从泰安开车回北京，焦中理开着车说：左小祺，帮我找一下赵雷的《成都》。

到北京时，天色已晚，焦中理开车送我，车里依旧循环着你的《成都》，我们的车开在三环路上，外面已是灯火通明，流光溢彩，新年刚过，车并不多，到处还存留着春节祥和的气氛。

我对焦中理说：如果我们有北京户口多好呀，那样我们就可以去借钱、凑钱、贷款，然后在北京买一套房子，不用多大，最起码有一个属于自己的家。

焦中理说：是呀，多想在北京有一个属于自己的家，而不是天天租房子住。

但是，即便没有房子，北京何尝不是我们的第二个故乡呢？没有别的理由，只因我们对它爱得如此深沉。

我们辗转过许多地方，总有一些他乡成为故乡。就像赵雷的《成都》，让流浪也变得那么浪漫。

然而一语成谶，第二天，焦中理告诉我，他决定换一份工作，去从事自己一直喜欢的工作，但是地址在广东，这也就意味着他将要离开北京了……

知道他离开北京的消息，虽有万般不舍，但我没有任何挽留，因为那是他的理想！

让我掉下眼泪的　不止昨夜的酒

让我依依不舍的　不止你的温柔

不知道我们何时才能再在一起喝酒吃肉，但是我确信，无论在哪里，无论在什么时候，我们终将心连心在一起。

我会陪你走到玉林路的尽头，坐在小酒馆的门口。然后听你说：北京，带不走的，只有你！

就像赵雷说的：我是个普通人，想要买房结婚。

因此，如果真的有那么一天，你离开北京去了远方，为了理想，为了从事自己喜欢的工作，我不会不舍，也不会掉下眼泪，我只会祝愿你在那边有酒有肉有姑娘。

赵雷，你终于红了。愿你不被声名所累，愿你永远都是那个用心唱歌的赵小雷。

我的兄弟焦中理，愿你在广州依旧看《北京爱情故事》，就像我在北京，依旧喜欢唱《成都》。

选择一种人生就意味着要放弃另一种人生

起初，本想把日子过成诗，结果却发现，总有突如其来的变故打破原有的平静，让我们措手不及，腹背受敌。

随着年龄的递增，生活的节奏也骤然加快，人生更像是一部小说，戏剧性的场面埋伏在剧本的各个章节，我们无法预测，也无法选择，因为现实的生活并非幻想的诗歌，更多的是束手无策的慌张。

谁不曾有过遥不可及的梦想，谁又不曾被现实打得满地找牙；谁不曾幻想过春满人间，谁又不曾在寂寥残夜独自裹紧被褥；谁不曾爱过玫瑰却娶了百合，谁又不曾爱过百合却相思了一生；谁不曾忙得不分东南西北、四季更迭，谁又不曾山重水复疑无路、柳暗花明又一村。

生活中总有那么多的不可思议，也总有那么多意外的惊喜，因此它才会如此具有魅力。我们对未来充满期待，不就是因为它的不确定性吗？如果是一眼就能看到头的人生，那活一百岁与活一岁又有什么区别呢？

我曾经听过方励的演讲，其中有一段话让我印象特别深刻。他说：我们今天还活着是因为什么？是因为我们昨天没死吗？不是的，是因为还有明天，明天之所以有魅力，是因为未知，未知才会有激情，没有激情的人生我要它干什么。

红尘万丈，不忘初心。我们今天的生活都是源于昨天的选择，在烦琐又平淡的生活中你会选择什么样的人生？有多少人还在坚持着自己最初的梦想，又有多少人还保有着自己当初的激情。

韩寒选择了赛车，不是他不能写书了，而是他没有放弃年少时的爱好，那是他的追求。大冰选择了写书，不是他不能主持了，而是他对这个社会有话要说，那是他的故事。王宝强选择了导演，不是他不能演戏了，而是他要尝试新的挑战，那是他的目标。赵雷选择了民谣，不是他不能唱流行，而是他把民谣化成了他的生活，那是他的理想。

我越来越觉得理想是一个可贵的东西，没有理想的人跟咸鱼有什么区别，但我也越来越感到理想的来之不易，不是因为它可贵所以来之不易，而是因为来之不易所以才那般可贵。

杨石头曾说过一个很有趣的问题，唐僧西天取经，需要往西走十万八千里，都能绕地球好几圈了，要是往东走，不是走一步就到了吗？可是，如果取经路上没有经历这段磨难，唐僧就不会有这样负重的坚强，也不会修炼成一位真佛；如果没有这一路上的感悟，就算给他一摞真经也很难承载得住。所以，理想应该是我们通过百折不挠的奋斗，脚踏实地的努力才能实现的，那样才能称之为可贵。

选择了什么样的理想也就意味着选择了什么样的人生，有所选择也就意味着有所放弃，放弃是一件很难的事情，也是一件很容易的事情，关键在于你放弃了什么。

在追逐理想的路途中，我们一定会经历各种艰难险阻，所以请不要一遇到困难挫折就把理想给放弃了，这样的放弃虽简单，但是你的理想从此就变成了再也难以实现的梦想。

我时常想起唐僧与女儿国国王的爱情故事，面对女儿国国王的诱惑，唐僧说：女王陛下，贫僧已许身佛门，并与大唐天子有诺在先，还望女王陛下放了贫僧西去。此时唐僧迟疑了一下，接着说：来世若有缘分……这时女儿国国王打断他的话说：我只想今生，不想来世，今生今世，我俩是有缘分的。说完将头靠在唐僧怀中。唐僧最终坚持了自己取经的理想，但是他却放弃了一份真挚的爱情，这种放弃虽难，但是却离他的理想又近了一步。

小时候看这个片段的时候只觉得唐僧又逃过一劫，如今再看，却觉得，唐僧实际上是错过了一种人生。

世间安得双全法，不负如来不负卿。

我们何尝不是这样，在理想与感情的纠葛中做着艰难的选择。如今，很多年轻人还未结婚，不是不想结婚，而是不想在自己一无所有的时候选择潦草地结婚，因此“催婚”才会成为社会的普遍现象。

选择了婚姻也就意味着要承担起家庭的重任，如果没有足够的能力去照顾家庭，那么怎么还有心思去为事业努力。在拒绝结婚的这些人之中，大多都有一个因由，或是理想，或是事业，太多人会在二十几岁的时候面临这样的抉择：在这几年中，选择婚姻还是选择一个看不到未来的理想。

其实，选择理想和选择婚姻都没有对错之分，关键看你自己是一个什么样的人。如果你是一个想要稳定生活的人，那你就选择婚姻。如果你是一个事业心强烈的人，那你就去追逐自己的理想，哪怕最终失败了，那也是曾经拼搏过的失败，不留遗憾。那些没有拼搏过的人，他们都没有资格遭遇失败。

选择一样东西也就意味着要放弃一样东西，选择一种人生也就意味着要放弃另一种人生。所以，有时想想，也并非有多少事情是非做不可的，其实，忙碌都是自己选择的。既然忙碌是自己选择的，那么，我们就没有任何抱怨的理由了，接下来要选择的，我想应该是不累。

不累是因为我们知道自己选择的是什么，想要的是什么，所以就不会感到累了。

网上有一段话很好：二十岁到三十岁这个阶段，是人生最艰苦的一段岁月，承担着渐长的责任，拿着与工作量不匹配的薪水，艰难地权衡事业和感情，不情愿地建立人脉，好像在这个不知所措的年纪一切都那么不尽如人意，但你总得撑下去，只怕你配不上自己的野心，也辜负了所受的苦难，不要只因一次挫败，就迷失了最初想抵达的远方。

如果说所有的相遇都是久别重逢，那希望我们别来无恙

记不清认识沉香红是在什么时候了，只记得初识她时那副温文尔雅的样子，像极了江南水乡漫步在山间河畔的女子。

后来了解到，这个看似弱不禁风的姑娘，竟然曾经独闯过非洲，在蟒蛇、疟疾、枪支弹药等一系列恶劣的生活状况中披荆斩棘一路走来，由此创作了她人生的第一本书《苍凉了绿》，或许这也是人们称她为“陕西三毛”的缘故。

那时我才意识到，原来这个外表温和的姑娘也有如此强大的内心。

我和沉香红都读过彼此的书，对彼此的文章也都心生怜爱，偶尔也会视频交流，但自始至终都未能相见。她在陕西，我在北京，纵然我们之间有许多共同的朋友，但对于她，我却只是一直听说，从未遇见。

她出版《做自己的豪门》一书的时候，我帮她在书中写了篇书评，而当她来北京举办读者书友会的时候，我却在山东，又一次遗憾错过。

后来，我也去过陕西，但也只是匆匆路过，连招呼都没来得及打。我落地西安，她在咸阳，微信里已输好了：要不要见一面，但看了看机票时间，还是默默地删掉了。

相识多年，几次擦肩，却从未遇见，像极了人生的百般无奈，但我知道，命中注定要遇见的人，无论怎样都会遇见。

2017 年 9 月，沉香红应邀到鲁迅文学院进修学习，报到前夕，她约我见面，我却因新闻学习课程的考试而未能如愿。考试结束后，刚从考场出来的我，特别想喝酒，但一摸口袋，只有八毛钱，发了个状态哭穷，沉香红看到了对我说：拿你身上的八毛钱请我去后海酒吧喝杯酒吧。

我问：为什么是后海？

她答：因为那里散落了许多故事，我想去看一看。

这个理由，对于写作者而言，似乎难以拒绝，于是欣然答应，匆匆处理完手头的事情，连衣服也没来得及换，便打车去了后海。

见到沉香红的时候，是在什刹海的银锭桥上，透过茫茫夜色，穿过熙攘人群，一眼便看到了她，眼神交换间，竟一时不知说什么好，唯有笑脸相迎。

我们朝着后海酒吧一条街走去，每个酒吧似乎都是灯红酒绿。透过玻璃窗，可以清楚地看到驻唱歌手们在灯光通明的舞台上正卖力地唱着，偶尔调侃下台下的顾客，酒吧门口的服务员也在热情地拉客，生怕错过一个潜在的顾客。

沉香红对我说：有没有安静一点的酒吧？我们可以聊聊天。

我说：找找看吧。虽然之前来过两次后海，但从未进店消费过，不是不喜欢，只是觉得这种地方适合泡妞，不适合谈心。

我们就这样边走边找，沿路卖花的人以为我们是情侣，冲着我走过来，问我要花吗，有的甚至把花放在我身上，追着问要不要。我连回复不要的心情都没有，这些年，早已对强行消费或道德绑架的行为产生厌烦。于是便理都不理继续向前走，任由拉客或卖花的人白眼相对。

然而生活的惊喜总会不期而遇，总有一个地方是你想去的。走着走着，突然发现了一间咖啡屋式的酒吧，这间酒吧没有驻唱歌手，算是相对安静的地方，灯光昏黄但不朦胧，店铺古朴但不破旧，而且门口的玻璃窗上写着一句正合人意的话：我们不拉客！蛮有一种你们爱来不来的感觉，不知是我们选择了这家酒吧，还是这家酒吧选择了我们，最后，我和沉香红走了进去。

坐下来，点了两杯酒，沉香红对我说：你和照片上没有什么区别呀。

我说：说的好像你有很大区别一样。

沉香红笑着说：我平时都美颜呀。

我说：现在不美颜谁发照片呀，哈哈。

沉香红说：你也美颜？

我开玩笑说：现在这个时代，只有在美颜相机和美图秀秀当中才能看到真实的自己，我觉得现实中的自己都不真实。

哈哈哈……

几句玩笑之后，我们各自喝着各自的啤酒。因为这家酒吧的墙上，有一张照片有点像大冰，于是我们开始聊起大冰。

认识大冰已有数年，几次相聚也颇为愉快，因为我并不是一个只靠写作谋生的作家，所以“文人相轻”这种状态很少发生在我身上。

不得不说，最近一段时间，大冰在作家圈可谓炙手可热，算是半路出家、横空出世的为数不多的畅销书作家。或许，我们都曾在他的故事中得到过温暖，而我们也会在余生中创作属于自己的故事来温暖他人。

一杯酒的时间，我和沉香红已从大冰聊到了各自的梦想，也聊到了对未来的憧憬。

一个追逐梦想的人是美丽的，为了让生活更充实，也为了让梦想更坚实，沉香红选择了到鲁迅文学院进修学习，似乎在北京，很容易遇到追寻梦想的游子，他们虽百般不同，但在某种程度上又都极其相似。

我点一支烟，握着酒杯，望着窗外心生感慨……

突然沉香红说：我们出去走走吧，趁着月色正好。

于是我干了杯中的酒，和她一起沿着后海边散步，走到灯光通明的地方，我们就拿出手机拍照，当我们拍下第一张合影时，沉香红说：

你真的很像个少年，永远长不大的少年。

那夜的月光特别温柔，温度特别宜人，我们漫无目的地走着，走到地安门外大街，路边全是拉客的黑车，我们问了价格，高得离谱，沉香红走到一个出租车附近，司机不打表，价格同样高得离谱，沉香红和我随即转身离去，倒不是因为付不起车费，而是面对这个社会的“潜规则”，面对人性的残缺，我们都不愿妥协，这是我们骨子里的倔强。

沉香红指着左手边对我说：我好像是从那个方向走来的，我们朝那个方向走吧。

我说：好。

她说：我要一直走到能正常打车的地方。

我摸摸她的头，心想，这点真像我。

这个季节的夜晚，是北京最舒适的时候，不冷不热，不干不燥，我们顺着马路边往前走，越走人越少，越走越安静，沉香红掏出手机，打开音乐，选了汪峰的《北京北京》：

…………

咖啡馆与广场有三个街区

就像霓虹灯到月亮的距离

人们在挣扎中　相互告慰和拥抱

寻找着　追逐着　奄奄一息的碎梦

…………

我当初来北京并非为了什么梦想，只是阴差阳错、机缘巧合而已，然而现在却也深爱上了北京。倒不是北京什么都好，它也有社会的残酷和人性的残缺，但这里很容易能找到和我一样的人，和我一样有同样梦想的人。虽然梦想仍旧遥远，但当我们聚在一起的时候就不会觉得孤单，因为陪伴，足可以温暖漫漫长路。

我不知沉香红会不会爱上北京，爱上这里的灯火通明，爱上这里的人情冷暖，爱上这里的天，爱上这里的人，爱上我们一路走来的风景和故事。

夜越来越深，人越来越少，我们一直走到南锣鼓巷的尽头，终于可以打到正常价位的出租车，当时已近凌晨，虽然劳累，但并不疲惫。

我们坐在车的后排，对司机说：我们走了好远好远才打到正常车价的车。话音刚落，却看到司机掉头朝着我们刚才走来的方向驶去。

我和沉香红相视一笑，一起喊了起来：我们就是从这个方向走过来的，原来刚才走了半天却走反方向了。

司机笑着说：现在有没有故地重游的感觉。

哈哈哈哈……

这时，沉香红边听歌边发朋友圈：小祺呀，你要记得今晚咱们所走的冤枉路。

我打开车窗，让风飘进车里，看着北京夜晚的流光溢彩，突然觉得，人爱上城市，并不只是因为风景，大部分人爱上的是自己在这个城市的经历。

几首歌过后，沉香红突然对我说：小祺，咱们两个算不算精神分裂？
我说：什么意思？
她说：就是有时话很多，讲起来没完，有时话很少，一声不吭。
我说：我倒觉得这种状态才是最好的，有话聊时畅所欲言，不想聊了各玩各的也不尴尬，永远不会为了聊天而特地找话题，你说对不对。
她又不说话了，低头抱着手机回复着朋友圈评论。我笑了笑，又望向窗外，就像张爱玲说的：因为懂得，所以慈悲。

车开到沉香红入住的酒店，我们便匆匆分别，看着她安全上楼之后，我转身离去，朝着我住的方向继续走，不知为什么，就想漫步，如果非要找个理由，一定是那晚的风吹得实在是太温柔了。
不知过了多久，一辆出租车停在我身边，问我打车吗。
我直接一巴掌拍在了车门边，说：打！司机刚愣了一下，我就坐在了车里……

或许这个被很多人憧憬的北京，确实寄托了太多人的梦想，有的实现了，很幸运，但大多数人的梦想是没有结局的，然而那并不是最重要的，重要的是我们为了梦想来过北京，努力过，拼搏过，幻想过，失望过，这便足矣。即便不能证明我们可以，那我们也要证明我们不可以，那才是追逐梦想最大的意义！当梦想实现的时候我们深爱着北京，当梦想破灭的时候我们也并不会因此而讨厌这里，这就是北京的魅力。

沉香红选择到鲁迅文学院进修，我想这应该是她梦想的一部分，只愿你虔诚而来，走时不留遗憾。不知道何时还能见到你，只愿你离梦想越来越近时，不忘初心。

以前总认为，人生最美好的是相遇，后来才明白，其实难得的是重逢。如果说所有的相遇都是久别重逢，那希望我们别来无恙。姑娘，当我与你再次重逢的时候，愿你历尽千帆仍是少女，当然，我也会是那个永远长不大的少年。

有缘再见!

滚滚红尘，我自安然

他有着半长的头发，而且长相实在太像艺术家了，这辈子不搞艺术都对不起他这张面容。很庆幸，他做到了，放弃了不错的教师职业，选择北漂，长期致力于绘画与民族文化的研究与探索，其国画作品多描绘大漠荒烟与西部高原的磅礴气势。

鹿曼老师是一个不会推销自己的艺术家，可他的画画得非常好，由于他只会讲带有山东土话口音的北京郊区普通话，所以他很羞于与陌生人交流。

我曾几次专门去拜访他，就在他北京良乡租住的很小很简陋的房子里，那里除去床和饭橱，留下的空地全部堆积着书还有一个不大的绘画案板。那些去世后才出名的大画家，在不被认可时，是不是就是如此境地。

鹿曼老师在艺术文化方面颇有见地，不管是哪一行业，他都能给你讲出很多有价值的观点，我很享受与他交流的时刻，虽然很多时候我都听不懂他讲的家乡话。他曾给我看过他的很多作品，引得我心痒痒，恨不得把他的画全都抢走，但他是个不愿意给别人画画的画家，就算给钱也不愿意画，我也只能尊重他对艺术的行为方式了。

香 棒渣饼

也许是鹿曼老师年龄比我大很多的原因，他在哪一方面都比我懂得要多一些，而且大多并不是年龄决定的，只是出于他对生活的热爱，对生活方方面面的研究。

有一次，我和鹿曼老师一起到良乡穗河去捉鱼，我们没有捕鱼的工具，根据我小时候用罐头瓶子捉鱼的经验，我找了两个废弃的瓶子，却买不到诱惑鱼进瓶子的骨头，最后好心的肉店老板拿出来一大包骨头送给了我们。鹿曼老师找了一个废弃的小网子，我还嘲笑他说：你这小网子，也就能捞到蝌蚪。

鹿曼老师说：你等着看吧，如果运气好的话，今天晚上我们能煮鱼汤喝。

结果，我用罐头瓶子捉鱼的成功经验，在十年后的今天不知为什么就不灵验了。起起落落十余次只捉到一条半指长的斗鱼。而鹿曼老师的网却在河旁的水湾中次次都不落空，鹿曼老师笑着对我说：小祺你捉到一条已经出乎我的意料了，估计那条鱼是属于脑残型的。

我忙天忙地的容易吗，都对不起肉店老板送的那包骨头。

就在鹿曼老师捕鱼的时候，一条蛇从草丛里爬了出来，鹿曼老师没注意踩了蛇一脚，蛇马上缠到了他的腿上，鹿曼老师也不惊慌，一抖腿，蛇迅速跑了，鹿曼老师追上去，一把就把蛇抓在了手里，用很专业的姿势捏着蛇的颈部，蛇还不时吐着蛇芯。他拿着蛇给我看，吓得我像小孩子一样拼命地叫。

当然最后我们把蛇放生了，但我却更佩服他了。不知鹿曼老师哪里得来那么多生活经验，似乎不管面对什么都会有相应的道理和方法，不得不让我敬佩。

前段时间，鹿曼老师身体不舒服，每到晚上都难受得睡不着觉。我劝他快找医生看看，他说已经看了，最近身体不舒服就没有工作，所以不愿花钱。可是他却在城郊的市场上，看到一件衣服很好，就买了两件，送给我一件，我几次拒绝，但他还是执意给我。他说：不贵不贵，可以当雨衣穿。

我知道衣服的价格真的不贵，但我更明白，那是多么珍贵的礼物，我每次出门都会先考虑穿鹿曼老师送我的那件衣服，因为穿在身上的是满满的感动。

我坚信，人与人之间，有时用数字可以衡量的商品价值，都是要努力去逃脱的。

鹿曼老师很爱小动物，养过一条狗和一只猫，那条狗应该是吃不饱的原因，经常在晚上叫，影响了周围邻居，被人偷偷毒死了，鹿曼老师伤心地把狗埋了。

他对我说那段时间心里一直难过，大晴天也感到不快活。

只剩下一只猫，所以他格外珍惜。有次他对我说：今天又花了很多钱，因为身体还没有康复，买了十几元的药，又买了三十多元的猫粮。

我听了心里特别不是滋味。在鹿曼老师家的小动物应该是幸福的，真的想对那只猫说：请好好陪伴鹿曼老师吧，虽然有时会吃不饱吃不好，但你的主人爱你已经胜过爱他自己了，请与他不离不弃吧。

后来鹿曼老师说想为我画幅画，但要等段时间，因为最近房子装饰，没地方作画，而且身体每天都难受，画一幅画都需要休息好几次。我很高兴，因为鹿曼老师的画我非常喜欢，而且也是不轻易得到的。

高原姐生日时，我没有什么可以送她的，就死皮赖脸地对鹿曼老师撒娇说：鹿曼老师，我有个事想麻烦你，可不好意思说。

鹿曼老师说：小祺你说就行，你是我的好朋友，只要我能做到的，我一定会帮你的。

我说：我想请你画个肖像画，给我一个姐画，她是我的启蒙老师，我花钱买你的，给我画的肖像我可以不要，可以吗？

鹿曼老师说：咱们是朋友，你给我钱我就不给你画了，我可以给你姐画，你的肖像画我也肯定会给你画，但还是那件事，身体不好，也没地方作画，得等几天。

我高兴地说：可以，可以。我有时就是这样不知足。

后来高原姐的生日到了，我打电话给鹿曼老师，鹿曼老师说还没画。后来我的书《青春路上》出版了，我要给高原姐寄书，想把画也寄过去，又给鹿曼老师打电话。

鹿曼老师说：还没画呢，不好意思啊小祺，最近实在难受得不行。

我知道鹿曼老师是真的很为难，他不是那种做事拖拖拉拉的人，如果不是有特殊情况，他不会答应人后拖延这么久的。这更让我为鹿曼老师的病感到担忧，却无能为力，因为他总是不接受我们经济上的帮助。

可过了一天，鹿曼老师突然打电话来说：小祺，我给你姐姐画的肖像画好了，你来看看有没有需要改的吧。

我高兴地说：好！好！下班后就跑到鹿曼老师那里去了。

鹿曼老师说：我见你要得急，昨天晚上施工队走后，我一晚上没睡帮你画好了，因为我画一会儿就要休息一会儿才行，而且最近颜料和纸都没有多余的钱买，纸找了半天，也没有张好纸，画的也有失水准，你不要介意啊。

我听了都在自责，不该如此心急地去催鹿曼老师，心里满满都是感动。

我觉得没有什么名画能抵得上这幅在破碎的纸上用缺少颜料的笔照着手机上的照片画出的肖像，这是一种不能用金钱衡量的感动。就像我不认为山珍海味比朋友亲手为你炒的菜好吃一样，人际无窍门，一诚自简明。人与人相交，唯有心中的真诚最值得让人珍惜。

我说：鹿曼老师我请你吃个饭吧。

鹿曼老师说：不用不用，如果你饿了，就在我这吃，我给你煮面条吃吧。

我在鹿曼老师不注意的时候，偷偷地把一百元钱放在了他的画板下面，等鹿曼老师送我走了很远的时候，我对鹿曼老师说：鹿曼老师，我不知道怎么表达我的感激，也没有什么可以帮你的，这幅画就当我买你的好吗？就这一次，你不要嫌少，也不要拒绝，我在你画板下放了一百元钱，你回去时拿了，不要丢了，你出门也没有锁门的，给自己买点药吃，有好身体才能有好未来。

鹿曼老师有些着急地说：我怎么能要你的钱，我们是朋友，你这样我以后还怎么给你画画。

我说：下不为例，下不为例。

我不是想用金钱来衡量鹿曼老师的画，因为单从价值上讲，他的画远超于这个价格。我也是个不怎么富裕的孩子，也会有人在我经济压力大的时候帮助我，我只是想在鹿曼老师身体不舒服没办法挣钱的时候，他能为自己买点好药，早点康复而已。

后来鹿曼老师为我画了幅画，因为没有合适的布作画，他把自己的床单剪了，在床单上为我画了幅肖像油画，虽然颜料还是不齐全，但鹿曼老师已经把感情融入了画中，我会珍藏到永久。

我在鹿曼老师的房子里看过他几十年来在小本子上画的随笔，厚厚的好几本，让我很痴迷，还有他曾写的文章，都是手抄本，我有幸拿了一本回来细细品读，惊讶他的文采之余我在想，如果有一天他被大家发现了，想不火都难。只是在这个年代，不会推销自己的人只能默默劳作，甘为寂寞，但历史不会湮没他的艺术，只待时间而已。

后来有一天鹿曼老师给我发了一条短信，上面写着：故乡啊故乡，天空总是那样晴朗，田野里鲜花开放，云雀声声歌唱，故乡啊，永远让我们难忘！我回了老师电话才知道，他并没有回到故乡，只是当天在去展览馆的途中，看到了与家乡一样美丽的风景。鹿曼老师总是且歌且行，在追求艺术的路途中经历过欢欣，也经历过无奈，用笑容面对一切世俗杂事。我认为他是幸福的。

又是一年春好处，人生如梦，岁月匆匆，已近半百的鹿曼老师，淡化了多少爱恨情仇却一直在文化艺术的追求上痴迷不变。在渐行渐远的岁月中，留下许多或美好或感伤的回忆。有时他或许在思念着一个人，或许还放不下一些事，但无论怎样的记忆都会让他留下一幅感动的画面，因为他明白，纵使哭过、笑过，一路走来，得到过，拥有过，便已足够。学会开怀，懂得随遇而安，滚滚红尘，我自安然，人生有的时候需要的是回眸一笑的洒脱。我也希望鹿曼老师每天都能像是回归故乡的孩子一样高兴，希望每个城市都像故乡一样接纳、珍爱这位善良真诚、爱生活、爱艺术的文化学者。

选择一段简单的生活

不知道还有没有人记得，在我第一本诗集《青春路上》的封面上有一段丽江大军的人生启迪，你是否对此感到过疑惑？远在丽江的大军，请允许我为大家用简短的话讲述一下你的故事。

大军是一名浪迹在丽江的歌手，在世人的眼中他或许是一个不务正业、不求上进的流浪汉，但他的人生态度却不止一次感动过我，因为他的生活方式、修行法门和实用主义者们秉承的朝九晚五、温饱体面、出人头地没多大关系。

他的梦想都很独特，对于一个一无所有的人来说都是天方夜谭，他想出专辑，想开酒吧，想拍一部胸无大志的电影。然而令人惊奇的是他都做到了。

他花光了所有资产为自己做了一张专辑，每天在丽江街头唱自己的歌，卖自己的专辑，过着简单得无法再简单的生活。大冰曾经说要以媒体主持人的身份帮他做一下推广宣传，而他却说：我为什么要这样子，我在做我觉得很开心的事情，我为什么要把这个东西通过那种途径，那种方式让我挣很多钱？

不久后……

他到处募捐，借钱，请了一群不要工钱的江湖朋友拍了一部电影叫《我想飞》，几乎是零投入的公益电影，当然不可能走院线，但令人惊奇的是居然获得了松下高清电影现场电影节的四等奖。之后他便放下了电影，放得很干净，好像根本没有发生过一样，依旧在街头卖唱为生。

他开过一个小得可怜的酒吧，自己当歌手，唱些安静的民谣，但这些似乎并不符合那些来丽江寻求艳遇的男男女女的胃口，加上物价、房租的上涨，酒吧倒闭了。我觉得在这个时代这是注定的事情……

他的妻子是一个在成都上大学的河南人，她最配享有老狼歌曲中“流浪歌手的情人”的称呼，只是因为在丽江听了大军的一首歌，便爱上了他，于是很快结束自己的学业嫁给了他，并生了个孩子。

大军曾很羞愧地说：你要跟我，可我什么都没有。

她说了一句让所有男人都难以拒绝的话：没事，我也什么都没有，有你就好。

后来……

大军沿街卖唱时，他的妻子便坐在他的身旁静静地听，并为他向路人推荐他的专辑。

每当一天的收入多出 150 块钱，大军便会揣着钱为她买一件碎花裙。

我觉得这是世上最单纯美好的爱情，喜欢你就每天给你买件碎花裙，真心地祝愿他们永远幸福。

如果有一天你在街上遇见他，请买他一张专辑，他会有机会多挣一点奶粉钱，你也有机会介入一段令人感叹的幸福人生。

曾有个大学毕业的高材生喜欢过我，但她并不喜欢我的生活，不喜欢我写诗。她说：在这个世俗的年代，诗人会被饿死的。虽然我也赞同，但我只愿心中的追求不要远离我的生活，仅此而已！她或许是担心我将来没法融入浮躁的现实中，但她想要的那种幸福生活也或许是我一辈子都给予不了的。

所以，对不起，爱上了诗歌，注定穷其一生，我在五棵松，无法给你国贸的爱。

但愿有一天，当我拿着微薄的稿费给我女朋友买一件路边摊上的季末打折的碎花裙时，她也会笑靥如花。

就像佛家讲的烦恼丝一样，在这个世俗的、实用主义者扎堆的社会中，我做的事情越多，我的烦恼就越多，我不希望我的烦恼太多，我也希望和大军一样过得简单一些。

我是个没心没肺、对钱不怎么看重的人，所以我少得可怜的工资总是不会给妈妈剩下多少。当我出书时我觉得很幸运，很多预订我书的朋友，会多给我一点钱，还有几个朋友给我很大的红包作为祝贺，其中有老朋友，有新朋友，有没见过面的，也有从未交流过的文友，让我感动之余坚信我并没有选择错，谢谢你们。

在这条路上，行者良莠皆存，秉侠义古风者其中不过二三，朋友何尝不是呢？当我口袋紧又想改善一下生活的时候，我就找朋友蹭饭吃，很感谢还是有朋友愿意一次又一次接受我明目张胆的蹭饭。

当受过那么多的质疑、打击、冷言冷语后，我很庆幸，庆幸我还在这条路上艰难并快乐地走着，庆幸还有很多支持我、鼓励我的朋友和我一路前行，就像大军的启迪：生活总是把所有你想象得很浪漫的事儿，剥得裸露不堪，但是最后你也应该怀抱一颗浪漫的心去对待它。

或许有一天，我会被生活的压力压得喘不过气来，但愿我没心没肺的笑容能多长久一些吧。

远在丽江的大军，请原谅我没有经过你的允许就说了你的故事，用了你的人生启迪，因为它曾带给我很多勇气，但愿有一天当我路过丽江，你还在街头唱歌，我愿拿出我的积蓄买你的专辑，请你吃丽江粑粑，请你喝普洱茶，你会愿意给我做你的炒米饭吗？

我相信总有一天我们会相逢，不必期待也不必质疑，因为这个世界，那么多浪子，孑然一身注定相逢。就像我诗里说的那样：

不必担心会不会发生
没有人会夺走
那些不属于我们的东西

就像我曾在北京遇到的流浪歌手张一男，他和他的伙伴弹着吉他，拍着手鼓，在街上一首一首地唱着路人们点的歌，歌声很优美，我很喜欢这种安静的，没有任何掺杂的音乐，很庆幸他们没有参加快男、达人之类的选秀节目，我从口袋掏出仅剩的 43 块钱放在了他们的吉他盒子里，然后就这样坐在他们身边听了好久好久……

谁的人生都不可能一马平川，与其前途未卜时黯然神伤，不如把这条路当成一场欲扬先抑的成长。

就像大冰在《他们最幸福》中说的：这个世界哪儿来那么多正确答案，大多数人的正确答案就一定是属于你的正确答案吗？那些约定俗成的正确路线，真正适宜你成长吗？

苦难后的大军，他获得的是一杯清澈的水以及一棵叫作幸福的植物。

愿你亦作如是观。

用一本书面对香山的形形色色

这几天心情一直不好，也没有人来找我，大家知道，我一直有点孩子气。我不是一个高大上的人，比好孩子坏点，比坏孩子好点，像绵羊也像野兽。有时会很开心，有时会乐极生悲。一只野兽受了伤，可以找一个山洞躲起来，一边舔舐伤口一边咬牙坚持，可是一旦被嘘寒问暖，它就受不了了。

所以我选择一个人去香山散心，顺便背着我的诗集，每爬一会儿，就歇一会儿，坐在地上卖自己的书，然后就会遇到各式各样的人。

心有千千结的时候，我向来只爱陌生人，从来不走回头路。

有人来和我聊会儿天，有人投来另类的目光，有人给我鼓励与欣赏，有人也会揶揄地说着冷言冷语，有人来找我签名，有人来与我合影，有人向我要手机号，而我只会告诉他我的 QQ 号……

我把书摆在地上，然后就坐下一边看书一边像牛反刍一样在脑海里倒腾着我的那点儿心事，不会叫卖，也不会推销，守株待兔似的、姜太公钓鱼一样坐等买家。每卖出三本书，我就整理行囊继续上路，不想因为某个地方卖得好就坐在那里不动，怕那样的话贪欲会慢慢侵蚀我的心灵，我要一直走在路上，甩掉不好的心情。

后来在 QQ 空间里，看到加我好友的人都发了状态：山东青年作家左小祺在香山卖自己的书，并附带了我的照片或与我的合影，我笑了笑，开始后悔昨天没洗脸就出门了。

路上遇到了一个写言情小说的作家，她与我交流了很长时间，但她对诗歌不感兴趣，我也没有送她书。彼此谢过。

最后我发现：下山的比上山的买得多，青年比老人买得多，有气质的比没气质的买得多，这是一个固定的模式吗？

背包里的书慢慢变少，重量慢慢变轻，但我的思绪却慢慢变得杂乱起来，从一个不好的心情转变到另一个茫然的心情，有时是好的，有时是说不清，也道不明的。我靠着路边低头慢慢走着，周围所有的声音都退得很远，嘈杂的人声凝固在周边树林之中，刹那间，一切都安静下来了。

走出香山公园，我把卖书挣的钱分给了门口卖艺或乞讨的老人，他们笑，我也跟着他们笑。

常言道：境由心生。又道：心本无生因境有。总之，快乐是一种心理状态。

喜欢面对形形色色的人，那是一种状态，也是一种追求，我没有丽江大军那样动听的嗓音，不能成为一个流浪歌手，只能以这种方式去接近自己喜欢的生活。

但行好事，莫问前程。

喝一杯意大利咖啡，伴一位值得爱的人

那天，我遇到了一间咖啡馆，光是名字就足以吸引人，叫：一半一伴，而且门口的广告语上写着一句很有意思的话：喝一杯意大利咖啡，伴一位值得爱的人。突然间有一种久违的感觉，像是偶遇了一处美丽的风景，又像是偶遇了一位多年不见的老友。

我是一个喜欢咖啡的人，总是对咖啡馆有着莫名的喜爱，因此便情不自禁地走了进去。

感觉是一种很奇妙的东西，它可以让人怦然心动，可以让人感觉似曾相识，可以让人在一瞬间爱上某种事物，并且为此矢志不渝。

这间咖啡馆的基调，不管是灯光、壁纸还是桌椅，都让人感觉温暖，更令我惊喜的是，这间咖啡馆里还有二个书架，上面陈列着满满的书籍，我站在书架前随意翻阅着，浮躁的心渐渐沉静下来。

咖啡馆里回荡着舒缓的音乐，像是一段明媚而忧伤的时光，在柴米油盐的琐碎生活中，波澜不惊，却总让人不断回味，细细聆听。

第二天，我的兄弟焦中理对我说：想找一个安静的地方读读书，写

MONIN
MONIN
MONIN

写字，思考一些问题。

我说：来吧，我带你去个地方，你肯定喜欢。

随后我便带他来到“一半一伴”咖啡馆，进门后焦中理环顾了一下四周，说：这个地方还真不错。然后找了一个靠窗的位置坐下：哥们儿，帮我来杯摩卡。

前台的小姑娘很温柔地对我说：您好，请问您需要什么？

我说：你好，一杯摩卡，一杯拿铁，谢谢。

付完账后，小姑娘微笑着对我说：好的先生，您坐下稍等片刻，我给您送过去可以吗？

我说：好的，谢谢你。

简短的几句话，让我很是舒心，前台的小姑娘言语简练却很有礼貌。我想，这或许就是环境的影响。

环境和交际圈子一样，都可以改变一个人的性情，接近什么样的人，就会走什么样的路，正所谓物以类聚，人以群分，网上有一句话说得对：穷人只会教会你如何更穷，牌友只会催你出牌，酒友只会催你干杯，而成功的人会教你如何走向更高的平台。环境也是一样，如果一只天鹅生活在鸡窝里，它最终也只是一只个头大的鸡而已，但如果生活在湖面上，它便可以扶摇而上，展翅腾飞。人更是如此，如果常年生活在嘈杂的环境中，早晚会变得性格暴躁，难以自控，但如果生活在舒缓的环境中，慢慢地便会养成一种温文尔雅的性情。

我总觉得，咖啡店是一个静谧而悠闲的工作环境，咖啡店的人也都有着一种柔和、与世无争的性格，不知道是咖啡店塑造了人的性格，还是有这样性格的人才会选择在咖啡店工作。
世间的事就是这样奇妙，看似毫无瓜葛却总有着丝丝缕缕的联系。

待咖啡送上来之后，我和焦中理一人端着一杯咖啡观赏，咖啡升腾起的清香沁人心脾，咖啡上面美丽的拉花，总是不忍心将它搅碎，就像不忍打破一种宁静的美好。我们相视一会儿又各做各的事情，他写他的诗歌，我看我的书，时不时一起偷看窗外路过的美女，然后相视一笑，说：喝了吧，不然就凉了。
我们把咖啡从中午喝到晚上，由滚烫喝到冰凉，一下午的时间就这样在慢条斯理中度过，他创作了几首诗歌，我看完了一本书，我们还聊了很多发生在身边的故事，聊到了失败的恋情，聊到了朋友的糗事，聊到了他放弃了年薪百万的工作机会，聊到了我如何越减越胖的尴尬遭遇。
人生不就是这样，笑笑别人，被别人笑笑，再自嘲一下，一生就这样过去了。

咖啡馆确实是一个诉说故事的好地方，在这里可以不问过去，不想将来，不分彼此，简简单单、安安静静地偷得浮生半日闲，享受一段真正让自己快乐的时光。
其实，我们都需要一个地方，它是闲适的，它是温柔的，它是静美的，它是轻奢的，好让我们放慢脚步，放松心情，安顿所有的忧愁与悲伤，品味一切人生的苦与乐，然后整顿行囊，继续前行。

只有这样，当夜晚来临的时候，我们才会闭上眼睛也不感到害怕；只有这样，才会让我们更懂得珍惜身边的爱，让我们学会享受这慢生活里的柔软时光。

就像一半一伴咖啡馆的主题语：喝一杯意大利咖啡，伴一位值得爱的人。

岁月温柔，愿你被生活善良以待

自从我在“一半一伴”咖啡馆（蓝港店）放了几本留言本之后，便经常关注留言本上顾客的留言，尽管大多是每个人当下的心情，但也千姿百态，每句话、每个词似乎都代表了一个故事、一段回忆。

每次去咖啡馆，翻看留言本上顾客的留言成为我必做的事情，很多时候我都会被留言本上的内容所吸引，有时候会被一句话勾起无限的遐思，有时候会被一段文字逗得忍不住笑出声来，但也有时候，会被一种心情牵绊许久，心绪乱如麻，甚至夜不能寐。

前两天，一段留言让我印象非常深刻，通过字迹可以判断那是一个年龄不大的孩子写的，这段留言虽然很短，但看后却让人很是揪心。

留言的内容是这样的：心里有好多话想说，妈妈，我想你了，对我的打击太大了。

打击的击不会写，还是用字母代替的，应该是一个小朋友写的。

我不知道这位小朋友是男孩，还是女孩，也不知道他经历了什么，只是通过简单的几句话我猜想到，这个孩子的妈妈长时间不在身边，以致没有母亲的庇护，他正承受着本不该承受的痛苦。

那种想妈妈的感受我也曾有过，就像失去了全世界一样痛苦，想到这里，鼻子一酸，眼泪就要掉下来。

谁说少年不识愁滋味，谁说孩子就没有心事，谁说小朋友的悲伤只能用幼稚来定义……请不要忘记，我们都曾经是个孩子，都曾渴望永远被妈妈保护，甚至都曾渴望得到全世界的爱护。

在我们小的时候，遇到困难和委屈时，相信每个人都有同一种渴望，就是特别渴望投入妈妈的怀抱，索要一个最有安全感的庇护。然而世界就是这样，总有些天不遂人愿的事情发生，也总有生活的无奈让一些孩子遭遇不公平的对待。

记得我小的时候，在外面与别的小朋友打架或是被年龄大的孩子欺负的时候，我总会逞强，被人打倒在地爬起来接着打，活像一个天不怕地不怕的小英雄，但是一回头看到妈妈，委屈的泪水瞬间便流成河，再也不能自已。

妈妈的关爱是我们成长中的避风港湾，歌曲里唱的“有妈的孩子像个宝”真的是最真实的表达。

很多孩子都一样，妈妈不在时摔倒了可以爬起来继续走，但是在妈妈身边摔倒时，就会不自觉地哭起来，不管有没有摔疼，只不过是想要妈妈的关爱而已。

原来，孩子和大人一样，都是孤独的，每个阶段都有属于自己的孤独。

生而为人，我们注定孤独。

我不知道留言的那个孩子是谁，不知道你在哪里，也不知道如何才能帮助你，只能默默祝福，愿你能早日见到妈妈，也希望你今后的生活，多一些快乐，少一些烦恼。

愿岁月温柔，也愿每个孩子都能被生活善良以待。

左小祺书吧

左小祺书吧线下体验店

后来，因为经常光临“一半一伴”咖啡馆，我和这家店的工作人员变得越来越熟悉。这家咖啡店不仅有最醇正的意大利咖啡，还有大大的沙发和落地窗，当然，吸引我的还有堆满书架的书籍。

咖啡店的助理店长一方对我讲：我们这里的书全是老板的，我们老板是个特别喜欢看书的人，这些书都是从他家搬过来的，而且还只是一部分。

听了一方的话，我对这家店更有兴趣了，总感觉有必要结识一下这家咖啡店的老板。

后来，一次偶然的机会，当时的店长余子平对我讲：小祺，今天我们老板过来了，要不要给你引荐一下。

我说：好呀。

咖啡店的老板辛哥是一位非常随和的人，虽然我和他之前几乎没有什么现实生活中的交集，但这并不妨碍我们达成认知上的共识和精神上的默契。虽然年龄、职业、生活境遇的差异必然会影响我们相互之间的理解，将我们引向全然不同的思维方式，但作为同样热爱

左小祺书吧

读书的人，我们的共同点似乎更多。

我一直觉得，咖啡馆是一个特别有情怀的地方，想开咖啡馆的人，也一定是一个有情调的人。

后来当我出版《还我一个飞扬跋扈的青春》这本书的时候，我就选择了在“一半一伴”咖啡馆举办发布会，辛哥和夫人一起来参加了我的发布会。

更开心的是，不久之后，我和辛哥合作，在“一半一伴”咖啡馆里面，成立了“左小祺书吧”线下体验店，这是我一直想做的一件事情。

“左小祺书吧”原本只是我微信公众号的名字，但是后来，我就想，现在的人都太依赖手机，读纸质书的人越来越少，很多时候，大家坐在咖啡馆里面，也是在抱着手机看网络文字，如果能做一个公益，让大家可以放下手机，多体验一下生活的本质，多看一些纸质书籍，那该有多好，于是就一直想做一个线上线下相结合的读书平台。

“左小祺书吧”是以我个人名义发起的一项公益项目，创办这项公益项目的初衷是让人们随时随地都能有一个阅读的环境，从而让更多的人养成随时随地都能学习的习惯。因此，它的宗旨是：随时随地阅读，随时随刻获知！

一杯咖啡，一本好书，一段时光，生活原来可以如此静谧而美好。

休闲读书，享受回忆和思考，是一种积极的生活态度，并成为当卜非常流行的减压方式。在阅读中汲取力量，提醒我们放慢脚步，品味生活，享受过去与未来的碰撞，体验阅读和遐想的美好时光。

这世上，唯学习和成长不可辜负，在繁忙的社会生活中，邂逅一本好书是一件非常幸福的事情，愿我们都能在“左小祺书吧”线下体验店品味这种不可或缺的幸福。

当然，能让这个公益项目落地，离不开辛哥的支持，喜欢读书的人心灵总是相通的，要不然怎会有“天下文友是一家”的说法。

愿我们历尽千帆仍是少年

北京五棵松华熙广场上修建了一个地面小型喷泉，自运营开始，这里便是孩子聚集的地方。

夕阳下，我经常抱着相机站在喷泉旁边，一站就是好久，看小孩子们在水里尽情地玩耍，就像看到了儿时的自己——那个无忧无虑，天真快乐的少年。

在我年幼时，关于水的记忆总是开心的，在雨里转伞、在水里捉鱼、在河里游泳……一切都是那么美好，但这些美好的往事却没有影像，没有照片，也没有文字，如今的我无处再去寻找它的踪迹，只能看着眼前的孩童，顺着记忆的轨道慢慢涌现出怀念的思绪。

水是每个孩子都难以拒绝的乐趣，记得小时候，我总是盼望着下雨，雨点打在脸上的清爽，能给人带来莫名的刺激与兴奋，那种感觉也是我至今难以忘怀的记忆，或许忘不掉的只是那再也回不去的童年。

有那么一件事情，每当想起都会让我禁不住笑出声来。

小学二年级的时候，妈妈给我买了一把新雨伞，于是从那天起，我就盼望着下雨，然而天不遂人愿，接连两星期都没有下雨。最后我实在按捺不住，就把雨伞当成太阳伞，撑起伞去上学了。

同学们都笑我傻，到处传我的笑柄，我并不在乎，或许是从那时起就学会了如何面对别人的嘲讽。但第二天我就不是同学们嘲笑的对象了，因为班里有个家伙，穿着靴子来上学了……后来，我和他成了好朋友。

我们都在年少无知的时候勇敢做了自己想做的事情，而长大后却发现，在很多抉择面前我们往往犹豫不断、畏首畏尾，似乎还没有小时候勇敢。

我们何不学着像小孩子一样去面对这个世俗的世界，勇敢去追求自己想要的生活，少一些功利，多一些真诚。如果童年时的勇敢是因为无知，那么长大后的勇敢就是因为无畏！不管别人如何看你，追求自己喜欢的东西，坚持下去，你就会发现，任何事情，只要心甘情愿，总会变得简单。

有人经常责怪我不成熟，还嘲笑我孩子气长不大。然而，他们转身却又带着沧桑的容颜，装作看破红尘的样子高呼：愿你出走半生，归来仍是少年。

我不知道他们为什么喜欢喊口号，就像他们不知道我为什么总是孩子气一样。

大冰说：走的路越多，越喜欢宅着；认识的人越多，越喜欢孩子。

我们总是努力地成长，却很少再去关心路边低着头的孩子在想些什么，殊不知，我们曾经也是个孩子。

如今看到小孩子总会莫名地感到欢喜，所以我经常站在喷泉旁边，给那些孩子们拍照，抓住他们最开心的瞬间，定格出最纯真的笑容。每次我回头去看这些孩子的照片时，也都会心生欢喜，忍不住笑出声来，看到他们就像看到当年那个无知无畏的自己。

或许在某一天，他们不再拥有如此纯真的笑容，就像如今的我们，再也找不回当初那张幼稚的脸庞。因为保有童心是一件很难的事情，要不然“愿你出走半生，归来仍是少年”这句话如今也不会如此流行。

随着年龄越来越大，我们所要面对的问题也会越来越多，生活的压力无形中让我们承受了很多必须要面对的责任，那个无忧无虑的少年，也离我们越来越远。

但是，慢慢地，你会发现，身上能一直保留着少年感的人真是太美好了。为了这种状态，我愿努力前行，也愿我们历尽千帆仍是少年。

明媚与忧伤的色调

今天去了一家咖啡馆，在一座购物中心的大厦底层，里面陈列着各式各样的桌椅，一眼望去便是舒适的感觉，墙边的橱柜里放着许多小饰品和一些闲散的书籍，我随意抽出一本书，点了杯拿铁，选择了一个靠墙的角落坐下。

在快节奏的城市里，或许大家都会喜欢这样一种感觉，在咖啡馆里舒缓的轻音乐中，去感受一种明媚与忧伤的色调，像我那样，把书打开，放在桌子上，却也并不急着阅读，任时光随意地溜走。

不知过了多久，对面不远处的椅子上坐下一位白衣少女，微卷的长发，轻柔的身姿，一种似曾相识的感觉开始在我心里回荡，突然让我想起了中学时曾暗恋过的女孩，初次见她时就是穿着一件白色的衣服，当她对我微笑时我便喜欢上了她，那时的爱情就是这么突然。

时隔多年，当初暗恋的女生早已嫁为人妻，孩子都可以叫我叔叔了，对她的感情也随着时间的推移不再那么强烈，偶尔想起，怀念的也只不过是当初的青葱岁月而已。

我抿一口咖啡，却不知咖啡的味道，翻几页书，却不在意书的内容，在这个时刻，唯有眼前的白衣少女让我心绪起伏。

她是否和我一样也喜欢一种明媚与忧伤的时光，是否也有一段欲扬先抑的青涩恋情，是否也是某个男孩情窦初开时暗恋的对象……似乎在幻想中，每个人的青春都是一个样子，每个人初次碰到爱情时都是同一种感觉。

我想起了中学时自己第一次暗恋女孩的悸动，每天最开心的事情就是有所期待，期待着早餐、课间操、晚自习或放学时能偷偷看她一眼，看她今天换了什么发型，穿的什么衣服，看她今天又和谁在一起，脸上是否有笑容，但那时的我，却从不敢向她表明心里的情感。倘若有一天没有看到她，我便会陷入恍惚的状态不能自拔，想她去了哪里？在做些什么？那时的爱情就是这样简单，似乎只要能看到她，就是一种莫名的幸福。

想起了第一次与她搭讪时不知所措的狼狈样子，我就像个说谎的孩子一样心跳加速，火辣辣的脸红得如同一个熟透的苹果。

而如今，我也知道，如果再去搭讪陌生女孩，早已不会再有那种心跳加速、面红耳赤的感觉。谈过几次恋爱后，我们都变得老练，变得成熟，变得更加有技巧。生活在信息公开的时代，我们也相对变得更加开放，虽然搭讪一次就很可能会要到微信号和手机号，更甚至还可能约到一顿烛光晚餐，但那种怦然心动的感觉却早已不在，甚至再也不会出现，我们只能回忆着曾经的心跳来慰藉现在的谈笑自若。

感觉真的是个奇妙的东西，有一些感觉可能一辈子只会出现一次，发生了就再也没有了。所以很多时候我们都是在一种假装的美好中度过，看似生活平淡无奇，看似人生波澜不惊，但心中却总有放不下的涟漪无时无刻不在波动着情感的河岸，让平静的情绪命悬一线，随时都在明媚与忧伤中做着选择。

明媚是因为曾经拥有，忧伤却是因为不再拥有。

当我喝完最后一口咖啡，便头也不回地离开了，白衣少女依然喝着咖啡，但我没有搭讪，也没有遗憾。回忆是一种重逢，忘记是一份自由。这些年来，我也曾试着穿不同的衣服，换不同的发型，去不同的城市，喝不同的酒，偶尔邂逅心仪的姑娘也只是一笑而过，不是不想搭讪，也不是找不到合适的理由，只是随着年龄的增长，越来越不再轻易喜欢上一个人了。

文字是有价值的，请给予它应有的尊重

你出新书了，送我一本吧？

只卖，不送。

你一个作家，自己的书都不送朋友一本，未免太小气了吧！

好像每个行业的故事都有一个相似之处。

1

我有个朋友，是学服装设计的，她的老师是享誉国际的服装设计师，几年前出了一本专业性质的书籍。有一次偶然的机会，我们坐在一起喝咖啡，我装作粉丝向她老师索要了一本签名书，但回到家翻看几眼便随手扔在了一边，因为我对书的内容并不感兴趣。

后来再次相聚时，无意间聊起了那本书，大家都在分享体会，我却说：我随意翻看一下就不知扔哪里去了。

别人说做设计的人性格都很独特，果不其然，我看到她老师的表情由喜转怒，非常明显，当时的空气瞬间凝固，气氛十分尴尬。

我当时并不知道自己说错了什么或做错了什么，为什么会这样，老

师性格也太偏执了吧。直到后来，当我出书的时候，才能体会到那种感受。

2

每一个出过书的作家或许都会遇到过这样一种情况，当你出版新书的时候，身边很多人都会对你说：把你的书送我一本呗。哪怕你们只是认识，并不熟悉。

以前碍于面子，我也会赠送，但是后来发现，很多送出去的书大都不会被重视，很大一部分人只是把我送的书随便一翻就放在书架上当摆设了。

当我问他：你看完了吗？

他说：最近比较忙，还没来得及看。我想这些因为忙还没来得及看的人大概这辈子也不会去看了吧。

既然如此，那你当初让我送你书是为了什么呢？

有的人竟直截了当地说：我不喜欢看书，只是拿你本书当纪念而已。

其实很多人不明白，这种行为对于一个作家来讲是很不尊重的。写一本书不仅需要很多精力和心血，更是作家自身价值观的体现，它是一个作家耗尽心思创作的到目前为止最满意的智慧结晶，当它问世的时候，真的如同自己身上掉下来了一块肉一样珍贵。

可以不爱，但请尊重。

记得好妹妹电台采访大冰的时候，秦昊问大冰：你觉得你写的文章好还是张嘉佳写的文章好。
大冰不假思索地说：当然是我自己的了。
秦昊笑着说：你自己说的哦。
大冰说：对呀，因为当我创作一本书出来的时候，就像是生了一个小孩一样，在父母眼中，当然是自家的孩子好呀。

因此每一个作家都会把自己的书视如珍宝，惜如生命，被人亵渎就如同对作者本人的不尊重。很多人都知道“文人相轻”，但在我看来，文人相轻并不一定就是在说文人互相看不起，而是说每一个作家都会忠诚于自己的文字，就像和忠诚于自己的爱情、亲情、友情一样重要。
因此，对于自己所忠诚的事物，如同信仰，不容亵渎。

3

当我的新书出版之后，我有个亲戚第一时间买走了三十多本书，分别送给了自己家人和身边爱读书的朋友。
他说这不只是对我的支持，也是对创作的尊重。
喜欢一个影星就去看他的电影，喜欢一个歌手就去听他的歌曲，喜欢一个作家就去买他的书，一切都是这样自然而然，不容道德绑架。

我的堂哥对我说：你的书多少钱，我买一本。

我说：我的书你还需要买吗，回头我送你就是了。
我堂哥接着说：送的书谁看啊，只有自己真正花钱买的书才会去认真看。
我想，或许真的是这样。
我和大冰的关系好与不好，他的每一本书我都是买来读的，而不会再如以前一样在饭局上强行要来。

赠送的书，虽然并不一定代表没有价值，但是很大程度上会不被重视，就像轻易得到的东西不会珍惜一样，只有你通过努力争取到的东西才会明白它的价值。同样，一本书，只有你花钱买了才会认真去看，然后你才能判断，这本书与你所花的金钱是否等值，否则，你不是连判断一本书好坏的资格都没有了吗？

4

我的书都是限量版，为什么还要赠送？

在当下，想要以写书来挣钱、养家糊口，确实不是一个好的选择，但身为一名作者，我们有责任把自己的思想传递给读者。
虽然我走的是小众的出版路线，不会像畅销书作家那样大红大紫，但写作这么多年，也有一些忠实的读者，虽然不多，但足以温暖彼此。而且，我对我自己的文章有信心，它会为我的读者带来别的作家不能给予的温存和力量。

为了感谢读者的支持，我决定我的书每一册都是限量版。出版社第一次出版多少本就只有多少本，我并不会加印，就像前两本书一样，卖完为止，卖没了就是没有了。
有的读者看完我的新书，说还想看，问我上一本书还有卖吗？
我如实说：没有了，已经卖完了。
如果还想看我的书的话，只能等我下一本书了。

这是我的个人小情调，保证每一个买书的读者所拿到的书都是限量版。如果将来的某一天，真的需要加印，那我也会选择重新设计，增减部分内容，不会如原先一样，还是会尽量确保每一位买书的读者所拿到的都是限量版。
你买或不买，我的书就在那里，不多不少，刚刚好。

5

如今是一个不缺书的时代，但又是一个读书氛围渐淡的时代，对于作家而言并不是一个理想的年代，然而“祸不单行”的是又遇到了电子书盛行、纸质书江河日下的现状，尽管偶尔出现几个畅销书作家傲视群雄，但依旧掩盖不了纸质书日渐衰落的局面。

为此，我在今年初做了一个大胆的决定，创立了“左小祺书吧”线下体验店。
如果你喜欢我的书，又不想花钱买（但也是极不建议不买），可以来左小祺书吧免费阅读，不仅我的书，这里还有成百上千册图书，都可以免费供大家阅读。

那么这个公益书吧的运营费用哪里来的？没错，就是我的稿费和卖书所挣的钱，“取之于民，用之于民”的道理就是这样的。

能挣多少钱就做多大的公益，因为懂得，所以慈悲。

如果再有人拿道德绑架我说：我是你朋友，你都不送我一本，还拿不拿我当朋友啊。

或者有人说：一个作家，都不送我本书，也太小气了吧。

我也只会说：只卖不送，我卖书的钱还要做公益。

不去解释，懂的人自然会懂，不懂的人，说再多都是虚伪。

6

文字是有价值的，请给予它应有的尊重。

我的书都是限量版，你买或不买，它就在那里，不多不少，刚刚好。

我对自己写的故事有信心，不会让读者感到失望。

公益是人人都可参与的事情，卖书的人与买书的人一起做个公益，何乐而不为。

我愿意一辈子文艺下去

当我想要辞职去开一家咖啡馆的时候，姐姐说我，你就是太文艺，这怎么能开好一家咖啡馆呢，还是老老实实找份稳定的工作吧。

身边的朋友对我说：开咖啡馆不挣钱呀。

在家人眼中，稳定才是最重要的；在朋友眼中，挣钱才是最重要的。

我是一个被亲朋好友拿“文艺”两个字贯穿始终的人，无论做什么，他们都觉得不靠谱，因为我太文艺了。

我喜欢读书写作，喜欢花花草草，喜欢漂亮的衣服，喜欢咖啡和旅行……我喜欢所有一切美好的事物，喜欢所有一切可以慰藉心灵的感觉。原本，这一切都应是每个人的向往，但如今，却成为现实生活的对立面，难道，生活就该是无聊的、无趣的、枯燥的吗？难道与此相反，就会被认为是不靠谱吗？

我不知道从什么时候起，文艺与不靠谱之间画了等号。

中国有很多一时脑热而去开咖啡馆的人，最终倒闭了的占大多数，我觉得那些人才是真的不靠谱。并不是说失败了就等于不靠谱，那些没有做任何前期准备，只凭一时冲动做事的才是不靠谱。

我想开咖啡馆并不是为了装文艺，仅仅是因为自己喜欢，我喜欢咖啡的味道，喜欢经营咖啡馆的状态，如果将来我不从事咖啡行业，我依旧会喜欢咖啡，《牯岭街少年杀人事件》中有这么一句台词：我和这个世界一样，这个世界是不会改变的。因此，无论从事什么职业，我想我依旧会以文艺的心态去对待它，因为文艺不是装出来的，而是发自内心的情愫，那种情愫，无论何时何地，都可伴随人的一生。

开咖啡馆可以是一件文艺的事，但并非绝对。

现在有一种人，有钱，不在乎盈亏，开咖啡馆只是玩玩，挣钱更好，倒闭了也无所谓。虽然这些人开着咖啡馆，但与文艺状态相去甚远。

还有些人说：年轻人嘛，都喜欢追求文艺的东西，我年龄越来越大了，已经不适合文艺了。

我不认同只有年轻人才可以追求文艺的观点。王德顺被誉为中国“最酷”老头儿，50 岁开始健身，79 岁登上 T 台，81 岁依然活得像个少年！我觉得他比我还要文艺，因为我不确定当我到了 81 岁的时候，能否也有他一样年少的心态，而且，我也不确定自己能否活到 81 岁，所以，趁有限的生命，多向自己理想的生活状态努力成长，我觉得那是唯一正确的事情。

文艺不是非要从事一份看似文艺的工作，文艺不是脱离世俗的约束，文艺不是年轻人才特有的情怀，文艺也不是矫揉造作的卖弄。

到现在为止，我想开咖啡馆的愿望都还没实现，因为据我所了解的市场行情，我所调研的咖啡馆收益以及中国人对喝咖啡的认知，都不是一个理想的状态，这才是到现在为止我还没有开咖啡馆的原因，而并非我太文艺的缘故。

以前韩寒说他所理解的生活，就是和自己喜欢的一切在一起。后来我看了一本类似的书籍，是宁远写的，书名叫《有本事文艺一辈子》。

宁远曾经是金话筒主持人，现在早已辞去了央视的工作，寻求自己向往的生活，专心做起衣服来，她说：任何一种生活，都能找到热爱它的理由。

我觉得她是我见过的最文艺的女青年了，也是很靠谱的文艺女青年。

有句话是这样说的：文艺青年这种病，生个孩子就好了。宁远如今是两个孩子的妈妈，每天都会被孩子占据很大一部分时间，但除此之外，她依旧闲庭信步，依旧温文尔雅，依旧做着自己喜欢的衣服，依旧把时间浪费在美好的事物上，依旧读书写作，依旧从容得体。

2015年在安徽合肥“纸的时代”书店里，我和宁远曾有过一面之缘。

那段时间我在安徽几所高校里做巡回演讲，宁远在“纸的时代”书店做讲座，因为我也在这个书店做过讲座，所以这里面有我认识的人，书店经理给我打电话说：今天书店有活动，你来参加吗？那天正好空闲，我便去参加了宁远的讲座，讲座之后，宁远在她新书的扉页为我写下了这样一句话：愿你把时间浪费在美好的事物上。

把时间浪费在美好的事物上！其实，文艺就是这样简单。

文艺是在平凡琐碎的生活中依旧不忘记追求美好的人生，是在孤独失意的时候依旧对未来充满无限的憧憬，是被现实磨平所有棱角的时候依旧不向世俗投降，是周围所有人都嘲笑你的梦想时依旧勇敢追求，文艺是每天无论多忙都会沉下心境去阅读思考，是即使结婚生子也不放弃追寻自己想要的生活，是即使年龄再大也保有童心做一个少男少女，是无论春夏秋冬，严寒酷暑，都可以找到属于自己的那一份恬然舒适，而这种舒适是来自心底的从容。

2017 年我读过 60 多本书，经常有读者问我，有没有好书推荐，我推荐的第一本书就是宁远的《有本事文艺一辈子》，因为她写出了所有文艺青年的心里话，也是对“文艺”状态的最好诠释，让世人了解，文艺青年并不可耻，要勇于承认自己就是个文艺青年，因为对于文艺青年来说，一切可能丰富精神世界的事物我们都愿意去探寻。

宁远在书中说：我所理解的文艺，是脚踏实地走在路上的时候不忘抬头仰望天空，是能发现微小细节里那些美的瞬间，是不与庸常生活妥协的离地一厘米的飞翔。我欣赏那些活得精彩的同时还能看见美的人，尊敬那些在养活自己的前提下还能尽情浪漫的人……如果文艺就是这样，我愿意一辈子文艺下去。

2017 年，在我出版的最新作品集《还我一个飞扬跋扈的青春》中，同样阐述了我对于生活的认知：做你想做的事，见你想见的人，去你想去的地方，写你想写的文字，趁时光不老，趁年华正好。

我们都是喜欢文艺的青年，并且文艺与不靠谱真的没有任何暧昧关系，相反，文艺与不靠谱是一对宿敌，因为文艺青年才是真正懂得如何去认真生活的人，重新审视文艺本身的意义：文学、艺术、音乐、电影……这一切都是文艺，我们活着最大的意义，难道不正是努力探寻一切可能丰富精神世界的美好事物吗？

如果说金钱是我们活着的支撑，那文艺就是我们活着的意义。

如果文艺就是这样，那我愿意一辈子文艺下去。

装作一个好人

我有个朋友，是开吊车的，有一天他看到网上有个小男孩得了先天性心血管疾病急需一笔钱做手术，他衡量再三，拿出自己差不多两个月的工资捐了过去，并在朋友圈转发了这条信息，希望更多人参与进来，没想到的是，很多人却对他的行为嗤之以鼻，甚至有人这样说他：一个开吊车的还做慈善，太能装了吧。

他感到很郁闷，对我说：我不知道自己做错了什么，如今做什么都会有人说我装，我捐钱有人说我装善良，我助人为乐有人说我装好人，我读书喝咖啡有人说我装文艺，无论我做什么，都会有人说我太能装了。

听完他的陈述，我真的有点感同身受，这种情况何尝不是经常发生在我身上呢。

前段时间我和几个朋友一起做慈善，把自己的旧衣服拿出来寄往偏远山区的小学，在网上一起搞募捐，有人知道后对我们说了一个字：装。

有一次，我在地铁的楼梯前，看到一位农民工提着很多的行李，我顺手帮他提上了楼梯，有人知道了说我：装好人。

还有一次，我在地铁上捧着一本书在读，别人看到后说我：在地铁上看书太能装了吧。

不知道从什么时候开始，“装”这个字变得如此流行，它有很多种意思，但在这里它是指一种以卖弄、做作以达到获取虚荣心为目的的自我满足甚至欺骗性质的行为。

其实人的气质是装不出来的，就像郭德纲在相声中说的那样，文艺不是装出来的，高雅也不是装出来的，善良更不是装出来的，只有孙子才是装出来的。但是，无论你做什么，都会有人站出来说你装，似乎在那些人眼里，只有大家都不做慈善，不做好事，不读书才是世界应有的状态，否则，一切都是不真实的，一切都是大家装出来的。

对于这种人，我们千万不要放在心上，不是他心胸有多狭窄，只是你的世界他完全没有经历过，所以他根本无法体会你的感受。

那些说你做慈善是在装的人，他或许都不知道慈善原来并不只是有钱人才可以做的事情；那些说你做好事是在装的人，他或许根本不知道当你帮助他人的时候自己内心有多快乐；那些说你在地铁上读书是在装的人，他或许完全无法体会到把时间浪费在自己喜欢的事情上面是一件多么开心的事情。

你习以为常的生活，他们没有体验过，所以他们根本无法体会到你的状态，在他们眼中，所有高于他们生活状态的行为都会被认为是在装。

如果不是这种嫉妒心理，那在我看来就是还有另一个原因——他并不了解你。

如果他知道你是一个乐善好施的人，那么你做慈善、做好事他就不会感到奇怪了，如果他了解你是一个勤于学习的人，那么你在什么地方看书他都不会觉得你是在装了。

别人眼中的装只是因为他对你太不了解而已。

就像王健林说：先定一个能达到的小目标，比方说我先挣它一个亿。此话一出就上热搜了。

如果不了解王健林这个人，那么我们可能会觉得此人真是装，小目标是一亿元，你咋不上天呢。

但当我们知道王健林在2015年的身价就已经是2600亿元的时候，你还会觉得他是在装吗？

今年上半年，万达赚了376亿元，也就是说，基本上每天赚2亿元！1亿元，就是万达半天的盈利。王健林概念中的1亿元，相当于我们普通人的100块吧。

有钱人和我们凡人不是一个世界的，所以，当你觉得别人在装的时候，先看看人家是不是真的在装，又或者说是不是与我们不在同一个世界里，如此这般，就不会妄加评论说别人是在装了。

其实，当别人说你装的时候，应该也是一件美妙的事情，不要不高兴，因为装的后面一般都是比较好的词，装文雅，装善良，装好人，没听说过有人会说别人装低俗，装邪恶，装坏人的。

既然在说你装的人眼里，你做的都是非常好的事情，那么，你有什么理由不继续“装”下去呢。

不管你是开吊车的还是世界首富，大家都有各自的生活，也都有各自的生活态度，在不触犯法律与道德的情况下，做自己认为对的事情，哪怕别人说你在装，你也应该“装”出唯我独尊的气质。

那些爱说别人装的人，有胸怀的话你也“装”一次给别人看看，这才是真正有意义的事情。

行为和说话一样，都是一门艺术

为什么越来越多的明星在微博上关闭了评论功能？有人说，那是因为他们怕被骂。

兄弟，人家不是怕被骂，而是不愿让自己的微博变成你的语言垃圾场！

不得不说，现在有太多嘴欠的人意识不到自己的问题，说起伤人、挖苦人的话来简直就像混凝土搅拌机一样利落。

前段时间我在微博上发了张自己打篮球的照片，有人评论说：你那么矮也打篮球呀。

我个子矮是我错了还是影响你的生活了，谁规定矮个子不能打篮球，难不成不到一米八的人都该去死吗？

莫名其妙的气愤，但我还是给他回复了个：哈哈……

后来他说：我说话就是这么直，你担待点儿。

突然有一种遇到流氓会武术的感觉。

真想反手给他一巴掌，然后对他说：我打人就是这么疼，你忍着点儿。
明知道自己说话直、易伤人，为什么自己不改而是让别人担待点儿呢？难道别人就该接受你的语言暴力，受到伤害了还要微笑着对你说：你说话这么伤人真好，我真喜欢。

后来我又发了张打篮球的照片，并故意附上了一句话：虽然个子矮，但是并不妨碍我有一颗喜欢篮球的心。
结果又有一个哥们儿说：是呀，知道自己个子矮就好。
这哥们儿也真够不会说话的，生活当中，别人可以自嘲，但是你千万不能附和，这是一种说话的艺术。

郭德纲在关闭微博评论时说：人需要在一个没有后果的网络世界里发泄，其实这就是人性里面有所欠缺的地方，真是实名制发帖，网上一片太平。
生活在网络时代，我们每个人都可能遇到语言暴力的行为，这是一种时代病，但它不该是一种无人管控的常态，我们不能任其肆意疯长下去，因为从某种角度讲，它也体现着国民的素质。然而今天，语言暴力不仅出现在网络中，它已经逐渐向现实蔓延，虽然不致命，但是却让人很不舒服。

我喝杯咖啡，有人就说我土豪。我看场电影，也有人说我土豪。我买件新衣服，还有人说我土豪。我吃包泡面，竟然还有人说：土豪才吃康师傅的、还加根火腿肠，真是大土豪呀！

说得就像他没吃没喝没穿的一样。

当你正面指责他的时候，他却嬉皮笑脸地对你说：我就随口说说而已，你看你这人怎么这么开不起玩笑啊。

还是那个感受，真想用降龙十八掌打他个七窍流血生活不能自理，然后温柔地对他说：我就随便打打而已，你看你这人怎么这么不禁打呀。

当然，这还不是最可怕的，现实中，还有一种语言暴力挺伤人的，相信很多人都遇到过，就是某某地区的人都怎样怎样。

一发生件不好的事情，看到是哪里人做的，然后就有人大言不惭：对，那里的人都这样。

这种刻板印象似乎被以讹传讹成一种定论，那里的人都是小偷，那里的人都是骗子，那里的人都是小姐，那里的人都是……对于这种地域偏见我简直不能忍了，我真想问他一句：哥们儿你去的地方可真多，见的人也真不少，可为什么全中国的坏人偏偏都被你遇到了呢？

杨澜在《世界很大　幸好有你》一书中有一段话很棒：社会层面的刻板印象，常常被媒体和广告利用，因为重复和加强人们的偏见，会带来更高的收视率！可事实上，法国人就成天谈恋爱？美国人在性关系方面就很开放？黑人就一定擅长篮球和街舞？喜剧演员就成天讲笑话？富二代就张狂？凤凰男就吝啬？刻板印象不在于有过某些“印象”，而在于我们把这样基于少数案例的“印象”刻板化，以为它适用于一大群人。
前段时间丽江暴力事件一曝光，就有人群起而攻之，说丽江人都那样，难道丽江就没有好人了吗？施暴者必须得到应有的惩罚，但是也应还丽江善良淳朴的人们一个清白。就像河南人被“骗子化”多年，但是白岩松说得好：中国什么样河南就什么样。我想说哪里也有好人，哪里也有坏人，我们不应以偏概全、进行地域性歧视，破坏祖国各地域间的友好交往。

我希望大家都能成为一个会说话的人，但又希望大家也都是一个不很会说话的人，我更希望大家都是一个善良的人，因为不会说话的人是无知的，会说话的人却是可怕的，一个越会说话的人越知道如何用语言去攻击一个人。
因此，善良是那么重要。

所以我们应该懂得，刻薄嘴欠和幽默是两码事，口无遮拦和坦率是两码事，没有教养和随性是两码事，轻重不分和耿直是两码事。
我插手不了你的人生，但我想劝你善良。
当然有时我也会嘴“欠”，曾经在学校的时候我就是一个出了名的嘴毒之人，但是我们嘴“欠”也该有个度，千万不要达到人身攻击的地步，否则就很难收场了。
既然大家都嘴“欠”过，那么就对曾经伤害过的人说声对不起，不祈求被原谅，因为祈求别人原谅最真诚的行为就是从现在开始改正自己的恶习。

我也知道，看完这篇文章后，一定会有人骂我，我想说，那些骂我的人一定是还不够了解我，因为了解我的人，他们都想打我。

我虽然喜欢自嘲，也爱“自黑”，但并不代表你就可以拿我的糗事来和别人寻开心。

行为和说话一样，都是一门艺术。

如何把握生命的方向

很多人认为《非诚勿扰》只是一个相亲的娱乐节目而已，还有人冠冕堂皇地质疑节目的真假性。我认为一个节目能长久不衰必定有它独到的观赏性，就像《快乐大本营》一样，人们在现实生活的压力下难以缓解心情的不畅，就会需要纯粹搞笑的娱乐节目来聊以慰藉，舒缓心情，所以它会红遍全国。又如最近正火的《中国好声音》，它并不是单单传递着好的歌曲、好的声音，全国有成千上万喜欢音乐的人，当他们没有展示自己的平台时，不免会在音乐道路上迷茫，但在《中国好声音》的舞台上，我们原本以为一直高高在上的导师们竟然如此平易近人、和蔼可亲，这带给了一直徘徊在底层不被人发现的优秀音乐人莫大的鼓励与希望，它传递的更多的是亲和力与感染力，所以它会独树一帜，引得许多媒体争相效仿。同样，《非诚勿扰》在如今婚恋观混乱的现实社会中，会潜移默化地为人们传递出正确的婚恋观、价值观，所以它在饱受争议中依然长存。

我算是《非诚勿扰》节目的老观众了，但我并不很关注谁与谁牵手，之前乐嘉老师在的时候，我更喜欢看的是乐嘉谈及爱情时的言论，后来喜欢看孟非的智慧和黄菡的修养。随着看得时间长了，多少有些感触。

我有个领导，非常奇怪，他平时生活中看电视只看新闻，但一到了周六晚上就把电视锁定在江苏卫视等着看《非诚勿扰》，完全不搭边的两种节目竟然都是他的最爱。前几天我们值班时一块儿看《非诚勿扰》，有一个老外的成功牵手引起了我俩的讨论，当时女嘉宾的留灯率很是乐观，足足有八盏，虽然国内男嘉宾也有过受女嘉宾如此青睐的个例，但与外籍男嘉宾的案例相比还是相差很大。

当时领导问我：你觉得女嘉宾们喜欢老外身上的什么气质？

我想了想说：就拿刚才那个老外说吧，他长得一般，可是他非常自信，非常幽默，虽然举手投足间有些疯疯癫癫，但他表现出来的却是一种生活情趣。而咱中国人，都习惯了按部就班、规规矩矩的生活，如果不这样的话你就有可能会戴上“不成熟”“不靠谱”之类的帽子。所以，还是真实的人最有感染力。

领导说：是呀，看了这么多期，凡是没有牵手成功的男嘉宾，在幕后接受采访时说的最多的一句话就是“当时太紧张了”，其实大多数都太刻意表现自己了，一点也不自然，肯定就显得人很不真实，你来找对象，不把真实的一面展现给大家，谁会跟你走呀。

感情有时只是一种感觉，给人一种错觉的话自然经不起岁月的洗礼。我喜欢那种真实的人，不只在选择恋爱对象上，在选择朋友方面也是一样，我喜欢和富有幽默感、乐观精神的人打交道，虽然在别人看来这类人很二，很感性，但他们却很真实，因为他们清楚地知道自己什么时候该感性，而在感性的时候又清楚地知道自己的底线在哪。就像那个牵手成功的老外一样，他最后选择的对象不是长得最漂亮的那位，也不是为他爆灯的那位，而是与他互动最默契的那位女嘉宾。因为外国人在找伴侣的时候考虑更多的是精神的交流，灵魂的对话。这也是他们面对生活的姿态，不会在意外界的评价，感情好坏，生活优劣，都只是如人饮水，冷暖自知。

据最新数据统计，外籍男嘉宾的牵手率高达 36%，牵手的方式各有各的特色。

我觉得有时我们真的应该学习一下老外们对待生活的态度，我并不是一个崇洋媚外的人，但在最近的生活中，我经常会遇到一些特殊的人，我把他们分为两类，一类是“小大人”，另一类是“老小孩”。

我指的“小大人”是那种还未成年就表现出一副老态龙钟、看透世界模样的人，在他们的观点中，世界往往是冷酷的，现实往往是残忍的。他们未经世事便觉得自己心理年龄已经超越现实年龄而自恃成熟，并以此为荣。我指的“老小孩”是那种现实中已经儿孙满堂了却依然像个孩子一样乐观面对生活的人。他们经历了生活的磨砺、岁月的洗礼却依然拥有一颗童心，在他们的心里世界是美好的，生活是充满希望的，所以他们仍旧非常乐观地面对生活的酸甜苦辣。所以相比而言，我更喜欢和“老小孩”这样的人做朋友。

什么是真正的成熟？不是失了一次恋，就以为自己已经看透红尘；不是受了几次挫折，就觉得社会只有残酷的现实。有些人看到两个明星夫妻离婚了，就到处发朋友圈说：感觉不会再爱了。我想问，你的爷爷奶奶、爸爸妈妈在一起生活了一辈子都没有让你相信爱，与你八竿子打不着关系的两个人离婚了你就感觉不会再爱了，这不是很可笑吗？

前段时间在网上看到这样一句话：如果你发现自己越来越冷漠，你以为你成熟了，其实不是。真正的成熟是变得温柔，对全世界都温柔。我非常喜欢这句话，我不认为心理年龄比实际年龄大就是一种成熟，就是一件好事，我也不认为成熟就代表着要把自己包装打扮成一本正经的样子，行为举止都必须要严肃认真。那样的人不是在生活而是在扮演。

前人总结得多好，二十弱冠，三十而立，四十而不惑，五十而知天命，六十而耳顺，七十而从心所欲。如果你总是喜欢提前一步，总想着刻意把自己变成熟，那你该失去多少乐趣，那又是一种多么累人的生活呀。

难怪刘同会说：活在自己的年龄里是件重要的事情。

只要心底虔诚，认真地生活，何故非要让别人来评判自己是否成熟，该成熟的时候自然懂得如何面对眼前的人生。真诚地去笑，去哭，去生活，与自己的心相约，每个人都是独一无二的个体，该选择的时候自然会知道如何把握生命的方向。

请与自己的心相约吧，非诚勿扰！

生活本身就是一场游戏，又何须王者荣耀

最近最火的一款游戏是什么？无疑是受到万千宠爱的王者荣耀了。究竟火到什么程度？我觉得它已经火到了局外人难以理解的程度。有次我发微信给朋友总不见回复，于是打电话过去，还没等我开口，对方已经不耐烦地说：祺哥，等会儿打，正在玩王者荣耀呢。

嘟嘟嘟……电话挂了。

心里好不痛快，我又不是和他借钱，至于挂得如此快吗。

直到后来看到一个视频，我心里才平衡了许多。有一个新郎去接亲，结果傻傻在门口站了半个小时，还没有把新娘接走，原因也够奇葩，只见新娘穿着婚纱坐在床上一直在玩王者荣耀，还不时抬头对新郎说：真的，我再玩最后一局咱们就去结婚。

通过新郎脸上尴尬的笑容，我才知道被朋友挂掉电话的悲伤其实一点都算不上悲伤。

当然，这还不是玩王者荣耀的最高境界。听说最高境界是：其实我不喜欢玩王者，只是因为你喜欢玩，而我喜欢你，后来我发现王者

比你有趣多了，你算什么东西。

看来，年轻人有三种东西不能碰：追星、熬夜、王者荣耀，越碰你越会觉得，单身可真有意思。

因此，为了找个对象，我时常警告自己，千万不能玩王者荣耀。

我现在是一个不怎么玩游戏的人，说不喜欢玩肯定是假的，说怕浪费时间、浪费生命也是假的，说自制力强那更是假的，我自己都会觉得虚伪。

那我为什么不玩呢？用王尔德的一句话就是：我可以抵制一切，除了诱惑。正因为知道自己是什么样子，也知道自己的软肋，所以才不玩的，不是不想玩，而是不敢玩。我是个自控力很差的人，尤其是对于电子游戏，无论多么简单的游戏，一玩肯定上瘾，所以每当一款新游戏出来的时候，我只能选择从一开始就拒绝。

小学时，我玩有手柄的那种游戏机，一旦游戏开始就停不下来，要不是因为尿实在憋不住了，我才不停呢。魂斗罗、双截龙、忍者神龟、影子传说、超级玛丽……曾想把每一个游戏都打通关。

初中时我玩 CS，各种枪支弹药都运用得游刃有余，玩到天昏地暗、废寝忘食，每次睡觉一闭上眼睛就能幻听到“噼里啪啦”的枪响，有时还忍不住喊出声：爆头！

高中时我玩 QQ 农场，一个技巧和智力都不需要的游戏，全靠时间升级。人生就像是 QQ 农场，只要勤奋一点，总是有收获的。于是我每天不间断地登陆农场，就是为了多偷别人几个玉米、几颗花生，有时为了防止别人偷自己农场的菜，甚至定上闹钟半夜起来收菜。
当时如果有人问我：假如明天是世界末日，今晚你会做什么？
我会毫不犹豫地说：把菜先收了。

有人说沉迷游戏的人都是生活的弱者，现实里不能称王称霸，就想着到游戏的世界里意淫。我并不同意这句话，但我不会拿周杰伦和韩寒的例子来进行反驳，因为我还记得高中时身边那些翻墙逃课、夜不归宿去网吧通宵打游戏的同学，有的后来被父母迫不得已送进教养所接受电击，如同戒毒瘾一样，让人痛心疾首，更让我触目惊心！
有的同学在网吧被父母带走时，我就坐在旁边，我清楚地记得他们父母当时绝望的眼神，从那时起，我就在潜意识里告诫自己，不能再沉迷游戏，因为我不想同样绝望的眼神出现在自己父母的脸上。

后来我真的没有再玩网游，但依旧没有抵制其他小游戏的诱惑，比如斗地主、植物大战僵尸、开心消消乐……
这个世界的诱惑真的太多了，层出不穷，防不胜防，而且人的本性也会作祟，所有的自责、愧疚、悔恨、犹豫，都会被自己看似合理的解释和开脱轻松消解掉。
我玩一次怎么了，反正闲着也是闲着，又不会耽误学习。
我再玩一次怎么了，别人都在玩，又不会耽误工作。
玩完这一局就不玩了。
哎呀，又输了，再玩一局吧，几分钟就一局。

终于过关了，奖励自己再玩一局。

…………

就这样，我的业余时间全部奉献给了游戏。

人的生命是有限的，我们不能过多地把时间精力浪费在没有意义的事情上面，尤其是青少年，虽说如此，但大家忽略了一件事情，其实游戏也是有生命的。

每玩一款游戏就像人的一次出生和死亡。等换成另一款游戏，就是经历死亡，转到来世了。前一生的财产和名声对这一生是毫无用处的，而且可能会忘了前生所有的事。有的人不求觉悟求长寿，等于希望一款游戏玩得久一点，但也无济于事，该来的怎么也逃不掉。

真是一场游戏一场梦。当初王杰的那首《一场游戏一场梦》能红遍全国不是没有道理的。

回忆这么多年来所玩过的游戏，有多少不都是热极一时而后又被新款游戏所取代，哪怕是当时最火的一款，如同我们所犯的错误，一次次被新的错误所掩盖。就在这种一次次的更迭重复中，很多游戏影响了一代人，成为他们记忆深处的回忆。我相信，王者荣耀终有一天也会淡出人们的视野。

其实，有一款游戏是经久不衰的，无论经历多少风云变幻，它始终会陪你走到终点，那就是你的生活。

有人说：人生就像一场游戏。尽管我努力地闯关，但是很多事情不是努力就能做到的，顺利闯过一关才能进入下一关，闯不过这一关也许就要原地踏步，若不能另辟蹊径，或许这一生就只能走到这儿了。

人生也像一场梦，当我对未来有所希冀的时候，便是这场梦的开端。做梦，幻灭，再做梦，虚幻和真实交织在一起，成为一场漫长的梦，而这场梦的期限是一生。

人生是一场充满未知的冒险旅程，我希望自己能够鼓起勇气，遵从内心的想法，坚定地向前走，不去管未来会如何，把握当下，闯过眼前的关卡，然后继续读书写作，努力工作，多拿出一些时间陪陪家人和朋友，认真过好眼下的生活，足矣，至于未来，穷则独善其身，富则兼济天下，就是这样。

希望未来的我不会再沉迷于网络游戏，希望那时候的我活成自己想象的样子，希望那时候的我特别满意现在的我所做的选择，希望那时候的我依旧在做着喜欢的事情并依旧乐此不疲，希望那时候的我依旧没皮没脸，没心没肺，吃得下饭，笑得出声，睡得好觉。

生活对我来说本身就是一场游戏，又何须王者荣耀。

如何在北京找到归属感

我们对北京而言只是一个过客，那么，如何才能找到归属感？

七年前，由于工作原因，我从南京调到北京，孤身一人，万里长征。北京对我而言是一个既熟悉又陌生的地方，因为小时候经常听大人们讲起有关它的故事，对于我们农村的孩子来说它充满了神秘，也因此，当时对北京所有的了解都仅限于我的幻想之中，一直听说，从未遇见。

记得当我刚到北京时，一下车便迫不及待地环顾四周，像是第一次进城的孩子一样见什么都新鲜，那时我觉得，北京的任何东西都要比别的地方更好一些，没有其他原因，只是因为这个地方，这个从未遇见、一直听说的地方叫作北京。

在这里，所有的事物对于我而言都被赋予了一种独特的称谓，槐树不叫槐树，叫北京的槐树；道路不叫道路，叫北京的道路；人不叫人，叫北京的人……所有事物在我眼中都是北京特有的，就好似别的地方完全没有一样。

当时对北京的感觉就是这样，说不清道不明，如同初恋的女友，分手多年却一直记得，也不确定她到底是哪里好，只是因为她是初恋。
是的，只是因为它是北京！难道这个理由还不够吗？

借着对北京的新鲜感，我不知疲惫地去了很多地方，只要曾经听说过的地方，我都想去看上一眼，天安门、故宫、鸟巢、长城、颐和园、圆明园、天坛、王府井、首都博物馆、什刹海、卢沟桥……几乎所有出名的景点都被我逛了一遍。后来却慢慢发现，北京的事物并没什么特别之处，山是山，水是水，月亮还是那个月亮，北京的事物与其他地方的事物相比，唯一不同的只是存在的地点，它们只是成长在了这个叫作北京的地方，别无其他，仅此而已。
原来北京也没有什么嘛，这种感觉曾让我极度失落。

记得后来，有同学到北京找我玩，他们见我的第一句话通常是：这就是北京呀！怎么感觉也没什么特别之处呢。
我说：胡说，怎么没有特别之处，难道你没感到北京比我们山东的空气还差吗？难道你没有感觉到交通更拥堵吗？难道你没有感到这里物价更高吗……是呀，北京也没有什么不同之处，相比之下，似乎很多地方还不如老家，可就是有源源不断的有志青年前赴后继地涌进这个地方，也不知到底是为了什么。

有同学问我：左小祺你爱北京吗？
我坦白讲：没来北京之前特别憧憬，到北京后却让我特别失望，因为它没有我想象中那么美好，生活了一段时间后才慢慢地习惯并喜欢上这个地方，而且越来越喜欢，直到现在，我已经深深地爱上了北京。
他们问我：你会一直留在北京吗？
我毫不犹豫地说：不会的！不是不想，而是不能，因为北京的房价已经高到几乎变态的程度，这是我很难接受的事实，所以早晚我还是会离开北京的。
最后他们问出了同样让我百思不得其解的问题：既然我们对于北京来说只是一个过客，那是什么原因让我们在这里找到归属感的呢？

我也在夜深人静的时候质问过自己，当初曾对北京如此失望，可又为什么，几年之后，我会对它如此深爱？明知道自己只是一个过客，也明知道北京的压力大，环境差，交通拥堵，又为什么如今那么想在北京多待几年，难道只是因为它是中国的政治经济文化中心吗？
所有的质问都是那么尖锐和犀利，让人很难找到一个满意的回答……

就在我来北京一年多的时候，一次机缘巧合认识了一名人民网的记者，因为都喜欢文学，所以相交甚好。一次闲聊中，他对我说：我想出本自己的诗集。当我听到这句话的时候就像是一语惊醒梦中人，突然之间有一种相见恨晚的感觉。
记得当我刚离开学校、步入社会的时候，那时还在老家山东，我也曾对身边的人说过同样的话，然而得到的却是他们的揶揄。当时我说：我这几年的梦想就是出一本自己的作品集。话一出口，他们就纷纷嘲笑我的自以为是。在小时候，我们还能毫无忌讳地诉说自己的梦想，可当长大后，大家都不愿再提及它，似乎那是一个会被人耻笑的把柄，当你在一无所有的时候说自己有一个梦想，大家都会觉得你另类，说你天真。渐渐地，大家都不愿再轻易说出自己的梦想，正因为如此，梦想离我们越来越远，直到最后，连自己都忘记了梦想的样子。

郭敬明说过，一个人之所以得不到他想要的东西，主要是因为他不敢说自己想要什么。有时是因为没自信，而更多时候却是因为环境因素。只有在北京，当说出自己的梦想时，你才会发现，原来自己并不是神经病，或者说，原来这里不止我一个神经病。大家都是抱着梦想来到北京的，你有你的追求，我有我的抱负，谁都不会嘲笑谁的梦想不切实际。

或许大家都没时间也没有精力去嘲笑别人的梦想有多不切实际。记得有一次我在国贸坐地铁，突然就被眼前的景象震撼到了，那么多人蜂拥而入，我瞬间就被淹没在了人海之中，一种不容抗拒的力量在推着我往前走，摩肩接踵，所有人的面目表情都一样，没有谁会在意身边站着的人是谁，长什么样，要去哪里。

曾经喜欢热闹的我突然间觉得，这热闹的表象背后其实是安静，安静到忘记周围的声音，安静到习惯四周的涌动，安静到坦然接受生活的无助。而无助是让人成长的基石，也是让人发现自我的突破口，当在无助中继续前行的时候你会发现，原来有那么多与你一样的“神经病”，为了梦想努力着，即使你们互不相识，但你却能轻易地从他人身上看到自己的影子，对我而言，就是这种感觉让我越来越喜欢北京，而这种感觉，就是北京给我的归属感！

归属感有的时候并不是一个累了就可以回去的家，也不是遇到困难时可以随时依靠的人，它有时就是一种存在的感觉。人都是感性动物，很多时候，感觉对人的成长至关重要，它可以决定你选择什么样的环境，选择什么样的方向，选择什么样的同行者。

我相信，那些明知道北京有众多缺点，却依旧爱它如初恋的人都会有同样的感受。也因此，我在北京遇到了那么多志同道合的朋友，有记者，有歌手，有演员，有导演，有作家，有企业家，有学生，也有如我一样的打工族，他们分别在这个城市的不同岗位，做着不同的工作，但相同的是，他们都在努力让自己变得更好。

喜欢书上一句话：愿我们带着最微薄的行李和最丰盛的自己在世间流浪。

五年期间，不知道有多少人来到了北京，也不知道有多少人离开了北京，有的人梦想实现了，有的人梦想落败了，还有的人梦想依旧在继续……我们对北京而言，只不过是一个过客，而北京能带给我们的，是让我们可以为梦想奋斗出一个一生无悔的青春。

这种感觉，只有北京才有；这种归属感，只有北漂才懂得；这种独特的爱，只有一直为梦想奋斗的人才会明白。

打马而过的江湖，驻足北京的浪子，愿你有梦为马，永远随处可栖。

世界本就不公平，那我们努力是为了什么

朋友小孙大学毕业后在一家网站做实习记者，为了实习期过后能留在单位，他每天起早贪黑地工作，别人上班过的是朝九晚五的生活，而他过的是朝五晚九，每天都比别人多付出一倍的时间，而且双休日也随时待命，随时都有可能赶赴现场去采访，朋友和他约好见面后被放鸽子的情况时常发生，但大家都不怪他，谁都没理由责备一个为生活努力拼搏的人，难道不是吗？

功夫不负有心人，实习期过后，小孙顺利成了正式员工。

这会是一个励志故事吗？在如今这个社会，谁说得准呢……

小孙通过自己的努力赢得了领导的认可，如愿以偿地成了正式员工，工资也比实习期间翻了几倍，本以为他会因此而感到高兴，但出人意料的是，小孙却没有过多的欣喜，甚至还有点失落。原来，与小孙一样同为实习生的同事小李，平时在工作上经常偷工减料，偷奸耍滑，但结果也成了正式员工，就因为他每天都会拍领导马屁，一副职场“老司机”的模样。

小孙觉得不公平，凭什么自己辛苦工作和别人拍几次马屁换回的报

酬是一样的。

我告诉他：会拍马屁也是一种能力呀，谁让咱们这些人不会呢，这也是人家的过人之处嘛，没有什么好抱怨的。小孙低着头沉默了一会儿，然后弱弱地说了一句：我只是觉得有点不公平而已。

这件事确实不公平，可生活不一直就是这样，哪有什么绝对公平的事情，只要不太出格，我们可以选择且行且珍惜，走着瞧吧，因为我坚信，对于未来而言，拍马屁只是一时之需，努力工作才是长久之计。

后来小孙没再抱怨这件事，依旧努力工作，勤勤恳恳，一干就是三年。

三年后，小孙的单位突然调来一位新同事小宋，特别年轻，本以为是来了一个社会精英，没想到，两天之后就原形毕露了，没学历也没能力，一篇新闻稿几天都写不出来。就算这样，小宋依旧在公司平步青云，一路高歌。

同事们都有些心寒，想当初，为了来单位工作，大家可谓费尽了心思、削尖了脑袋，而现在，谁都想不通领导为什么会聘任这么一个人来公司上班。后来得知，小宋从小就不学无术，初中就退学了，但他家境优越，父亲是个大老板，前段时间往他们单位赞助了两千万元，其中一个交换条件就是让小宋到他们单位来上班，希望能在这里学习锻炼一下。这样一来，大家都能理解了，都是在社会上工作多年的人，这种事想想也无可厚非，毕竟人家有钱，投了两千万元呀，换作谁当领导也会答应这个条件吧。

后来有一件事情让小孙耿耿于怀。单位体制调整，空出了一个主任的位置，为了公平起见，单位决定，一星期后竞选上岗。

对于小孙来说这是一个天赐良机，他很想把握住这次机会证明自己，于是他认真准备，把这几年在单位学习的知识和经验做了一个全面的总结，然后又加班加点地对主任的工作性质进行了全面系统的学习和了解。

按道理来说，小孙是可以胜任主任这个岗位的，但就在竞选的前几天，同事间突然传出内幕消息，这个主任的位置早就内定了，是小宋的，竞选上岗只不过是走个形式而已。这个消息对于想竞选主任位置的同事们来说可谓晴空霹雳，但大家又没有别的办法，谁让人家有钱有势呢，对于平民家庭的人来说，拿什么和他们这些人比拼呢。

小孙为此不能释怀，他对我说：现在觉得，这个世界越来越没有公平可言了，我们苦苦追求的终点，有时却只不过是别人的起点。我说：你这纯属瞎说，我们苦苦追求的终点，明明在很多时候连别人的起点都达不到好不好！

有些人一出生嘴里就含着金汤匙，有些人一出生可能连爸妈都没有，世界就是这样，生活即是如此。谁不想成为王思聪啊，一出生就腰缠万贯，而我们大多数家庭的孩子，努力奋斗一辈子可能还不及王思聪出生时拥有的十分之一、百分之一、千分之一、万分之一，甚至更多，从某个角度来看，向社会索要公平简直就是一场荒唐的闹剧。

既然如此，那我们努力是为了什么？

小孙努力了几年，机会终于来临的时候，却是一场注定会失败的比赛。想到这里，小孙就有种辞职的冲动，他觉得在这里似乎没有前途可言。

我对小孙说：失败并不可怕，可怕的是输得不精彩。既然都决定离开了，为什么不打一场漂亮的仗再走呢，哪怕是失败，对自己也是一个交代。

不知道小孙是被我的话说通了还是受什么别的刺激了，第二天他又满血复活。他说：我要参加竞选，让领导知道失去我是他们多大的损失。

其他报名竞选的同事大多已经放弃了，只是走个形式而已，何必太认真，只有小孙就像不知道已经有内定人选这个消息一样认真地准备。

但当竞选的结果出来之后，所有人都大吃一惊，通知的名单上居然写着小宋和小孙两个人的名字，因为领导看到了小孙的努力和实力，单位需要发展、需要进步，离不开真正有能力的人，虽然早已内定了人选，但领导们都一致决定，再加一个主任的名额。

另外，之前在工作中偷工减料，只会拍领导马屁的小李已经被单位辞退。对于这个结果，我想也是迟早的事情。

这时，小孙告诉我，他终于知道了努力的意义。

每个人的起点都不一样，我们努力追赶的不就是比我们起点高的人吗？就像金字塔一样，虽然塔尖上站着的始终是为数不多的人，但我们努力之后，就会离塔尖更近一些；虽然我们明知道自己不能爬到金字塔最顶端，但谁都不愿被踩在最下面不是吗？虽然每个人的起点不一样，但总有与我们处在同一起跑线上的人，公平与否，就看我们是否比错了对象。

咪蒙说：即使我们再努力也追不上兔子，那也可以是乌龟里跑得最快的那一个呀。我想这就是努力的意义，虽然努力之后的结局可能不公平，但一定会是相对公平的。

做自己喜欢的事情，永远都不需要坚持

有很多人问过我同一个问题，你是从什么时候开始写作的？

我说快十年了。

他们大多会惊讶地说：好有意志力呀，你是怎么坚持下来的？

其实，我从来就没有坚持过写作，写了十年也并不代表我有多强的意志力，坚持就能如其所愿并不是定论，如果世界上的事情真有如此简单就好了，那该省去多少烦恼和痛苦。然而现实却恰恰相反，世界上的大多事情并非只凭意志坚强就可以无所不能，人世不是那么单纯的。

我之所以能写作十年，也将一如既往地写下去，原因很简单，写作对于我来说是一件很开心的事情，是我喜欢做的事情，如果不喜欢的话，我想，我是坚持不下来的。

所以，长期做一件事情无须坚持，坚持是一件很累的事情，没人愿意做，喜欢才是乐此不疲且能持续下去的真正原因！

很多人、很多事都是如此，像我非常喜欢的日本作家村上春树，他

坚持跑步几十年，也经常参加铁人三项比赛。当人们都在赞扬他有极强的意志力的时候，他却写了一本书向大众阐述了这么一个道理：无论何等意志坚强的人，何等争强好胜的人，不喜欢的事情终究做不到持之以恒；做到了，也对身体不利。

这本书的名字叫作《当我谈跑步时，我谈些什么》。

既然坚持了几十年的事情都不足以证明一个人的意志力，有人会说，那就没有什么事情可以证明一个人的意志力了。

首先，我想先换个角度思考一下，如果一个人坚持了一件错误的事情呢？那这种坚持与意志力还有多少牵连？

如今类似的坚持有很多，不同的坚持也有很多，有些人坚持了正确的事情很多年，有些人却坚持了错误的事情很多年，就像《人民的名义》中一开始就被抓的贪官赵德汉，受贿成瘾，被抓时竟然在他的豪宅中搜出现金两亿三千九百五十五万四千六百块人民币！可恨又可笑的是，这位贪官处长只是受贿成瘾，所有赃款竟然一分没花，豪宅也一天没住过。

我们能否说赵德汉的意志力强大呢？毕竟他也坚持受贿那么久。

所以，并不是所有的坚持都能与意志力扯上关系，有些人只是做了一件事情很多年而已，能证明一个人是否有意志力则要看他放弃了什么样的欲望和诱惑。

如果赵德汉从一开始就没有接受京州市副市长丁义珍的贿赂，或许他就不会犯下如此严重的罪行。如果赵德汉及时终止了自己的受贿行为，也不至于最终落到不可挽救的地步。但是面对诱惑就是这样，永远都只有第零次和第N次，有了第一次，就会有接下来的第二次第三次第四次……

王尔德说过，毕竟除了诱惑，我们能抵挡一切。所以，如果你有抵制诱惑的能力，那才是你真正具有强大意志力的表现。

受贿对于我们普通百姓而言可能并不具有任何说服力，因为离我们太过遥远，不足为证，那么就举一个我们司空见惯的例子，比如吸烟。

即使你没吸过烟，你也肯定见过吸烟的人，如今我们身边总会有那么几个吸烟的亲友，但你是否见证过他们把烟戒掉呢？

对于一个已有烟瘾的人来说，戒烟实在是一件非常痛苦的事情，就像村上春树说的那样，戒烟，仿佛是跟从前的生活诀别的象征。

《人民的名义》第十四章中，祁同伟对侯亮平提出一个歪理：一个能戒掉烟瘾的人，那是能杀人的！侯亮平你真行，还真把烟戒了。我戒了一百次，一百零一次又抽上了，只怪我心太软，心太软……

侯亮平反唇相讥说：得了吧你，哪有那么玄乎的事？戒烟也就是控制一下自己的欲望而已！

祁同伟说得虽然邪乎，但也从一个侧面说明了戒烟的难度。它的难度之大就在于戒烟要控制自己的欲望，欲望一旦形成，是很难把控的，若好控制的话，在《人民的名义》中就不会有那么多的犯罪现象和犯罪分子了。

戒烟虽说不易，但也并非不可能！说戒不掉烟的人也并非真的戒不掉，而是从内心真的不想戒而已！就像说减不了肥一样，怎么会减不了呢，只是因为不想去承受节食和运动所带来的痛苦和劳累而已。我曾经戒过两年的烟，在这两年间没有碰过一支香烟，是的，两年，应该算是戒烟成功了吧。那时的我是如何戒掉的，很简单，就是不想再抽了，从心底里想把烟戒掉，然后就做到了。

然而遗憾的是，两年之后，在各种压力、打击让我腹背受敌的时候，我又捡起了烟，为什么会在两年之后又复吸呢？原因就像我当初戒烟时同样简单，我想吸烟了，然后就吸了。那时，医生检查出我有了轻度抑郁症，我想通过吸烟来缓解情绪，所以这是我自己的选择，与戒烟不成功毫无关系。

但不同的是，有了两年不吸烟的经历，让我明白了一个道理，这个世界上，没有你戒不掉的欲望，只是你不想戒而已。对于一个从内心出发的人而言，任何诱惑都已经太晚了。

痛苦是因为执着，快乐源自放弃。我们很多时候之所以感到痛苦，就是因为我们太执着于自己的欲望，很多人都说，这个世界上，最难戒掉的就是欲望，于是，才有了那么多因欲望而陷入苦海的人和事。

我们之所以戒不掉，是因为我们根本不想戒，是因为我们打心眼里不愿放下，所以才会有那么多人戒不掉烟，戒不掉酒，戒不掉孤独，戒不掉思念，戒不掉风花雪月的尘世，戒不掉庸人自扰的烦恼……

做自己喜欢的事情，永远都不需要坚持，比如写作，比如跑步；在控制欲望的事情上坚持下去，才真正需要你个人的意志力，比如戒烟，比如减肥。

没必要向别人解释你的人生

有位读者发私信对我说：我想去做自己喜欢的事情，过自己想要的生活，但是当我朝着这个方向努力的时候，周围人总是对我发出质疑的声音，觉得我太偏激了，我该怎么办？

生活中，我们总会听到这样的话：你为什么这样做？你怎么会这么想？你能不能成熟点？你怎么是这种人？

总有人只喜欢想象中的你，等看清你本来的模样，就会唾弃你，说原来你是这样一个人，但其实你从来都是一个样子，明明什么都没做，却落得声名狼藉。

还有人喜欢把自己的人生观、价值观、世界观强行附加在你身上，义正词严地对你说，你应该怎样怎样活才对。如果你背道而驰，他就会说你虚伪，指责你种种不是。

面对这种情况，我们该怎么办呢？

我的建议很简单，一笑而过，不用去解释。因为只有当你忠于自己时，才能让自己无可取代。

有人说，不解释别人永远不会明白你的想法。

那么，明白你了又能怎样？难道别人明白你的追求就能升华你的人生吗？显然不会！你该做的就是提高自己，朝着自己想要的生活努力前行，让岁月回答所有的质疑。漫漫人生路，最好的自己应该留给那些懂你的人。

还有人说：不解释，别人会不断诋毁你，让你受伤害。

面对是非之人，面对是非之言，最好的回击不是解释，也不是反驳，而是不在乎。当你对一个人不在乎的时候，他便伤害不了你；当你对一件事不在乎的时候，它便不再使你难过；当你对流言蜚语不在乎的时候，它将传不了多远。我不在乎你还能将我怎样？就这样简单粗暴。所以，我们要学会如何保护自己，不要太“乖”，不想做的事可以拒绝，做不到的事不用勉强，不喜欢的话假装没听见，你的人生不是用来讨好别人，而是用来善待自己。

因为你的人生是活给自己看的一场修行，不是活给别人看的一场演出。活给自己看的人，从来不在乎任何人的眼光。况且，一个与你不在同一频道的人，你解释再多，他也听不进去，你说得越有道理，他反而会越烦。

既然如此，那就忠于自己，和你喜欢的一切在一起，让自己无可取代。不用去解释，没必要把时间浪费在不是同一频道的人身上。

生活中，总有人长着一张爱说教的嘴，我们不能去堵住他的嘴，也不愿浪费精力去解释，那么就选择道不同不相为谋吧，一笑而过是对质疑最好的态度。即使从此分道扬镳也没什么可留恋的，每个人都是一样，没必要刻意结交谁，也没必要刻意留住谁，这世上只有自己的本领才能经得住岁月的考验。

网上看到一句话很好：看了很多书和电影，走过一些地方，见过各种人，心里对于人生的底线和追求越来越清晰明白。然而更明白的一点是做好自己就够了，而不是用自己的观点强行对别人道德绑架。如果你所追求的不是我想要的，我不愿与你为伍，你不必来干涉我的人生，我也不会用自己的观点对你进行道德绑架，互不打扰，各自安好。随着年龄的增长，我们该懂得什么是自己想要的，什么是自己不喜欢的，人和人的成长环境天差地别，每个人都有各自的过往和苦衷，也都有各自的生活态度与价值追求。我想人一生做好三件事就够了：知道什么是自己想要的，就去做，同时不强迫别人去做。

不惊扰别人的宁静，就是慈悲；

不伤害别人的自尊，就是善良。

人活着，发自己的光就好，不要吹灭别人的灯。

就像我觉得，身上能一直保留着少年感的人真是太美好了，我会等一个仍有少女心的姑娘，而不会强求你必须要有少女心。所以，为了这种状态，努力前行。

与孤独同行，方能遇见更好的自己

孤独是生命的常态，也是每个人成长中的必经之路，因此，学会独处，应是每个人成长中必不可少的能力。

生活中不难发现，人们独处时呈现出两种状态。有人在独处时常常迷失自己，困顿于寂寞的雾霭中难以自拔，有人却可以在独处中享受孤独，从而成就更好的自己。至于为什么会出现这种情况，我认为关键就在于你的思想是否独立。思想贫乏者，常常把孤独看作寂寞的化身，把“孤独者”当成无趣之人。思想丰富者正好相反，他们把孤独视为一种自成体系的精神世界，独处会成为他们有趣的消遣方式。当他们独处时，自我的力量开始觉醒，思想会变得越来越活跃，内心会变得越来越强大，心智会变得越来越丰硕，犹如源泉一样不断迸发新鲜的血液和生命的养分，也只有这时，才能了解自己的真实想法，倾听内心的告白，与思想对话。
孤独意味着一种自由，不须从众，可以自我。

有个朋友对我说，他吃过晚饭之后，经常一个人到田野间散步，周围空无一人的时候他就放声唱歌，想唱什么歌就唱什么歌，边走边唱，漫无目的……他说虽然自己五音不全，但是那种将自己的情感完全释放在歌声中的感觉真的很有意思。不知为什么，当我听他说的时候，嘴角便不自觉地泛起微笑，想象着他在田野间被夕阳越拉越长的身影正在尽情唱歌给大自然听，那种画面，真是既有趣又浪漫。

还有个同龄的朋友告诉我，他每隔一段时间就会给自己来一段“与世隔绝”的时光，选择一个周末，抛开所有的工作，把自己关在房间中，把手机关机，让任何人都找不到自己，一天的时间不允许自己与外界联系，将自己彻底依托给“浮生半日闲”。他说，这一天时间可以做很多有意思的事情，比如泡杯茶，静静地看茶叶在杯中浮浮沉沉；或者打开一本书，随便读读放飞思绪；也可以找一支笔，写写自己的心情，又或者坐在窗前，看云卷霞飞……随着年龄的递增，我们的生活压力越来越大，可被浪费的时间越来越少，但在他的诉说中，我仿佛看到了一个有趣的灵魂在安适地对待自己的生命，他让我觉得，所有你乐于挥霍的时间，都不能算是浪费。最后他还对我说了一句很好笑的话，他告诉我：第一次手机关机一天，第二天打开手机之前本以为会有很多错过的电话和微信，结果只出现一条话费余额不足的短信提醒。

生活有时比我们想象的简单多了，我们没有那么多的观众，干吗非要让自己活得那么累呢。

我们的生命说长很长，说短也很短，说丰富很丰富，说贫乏也很贫乏。有的人每天都会面对各种未知的挑战，有的人一生都在重复同样的事情，有的人一辈子像活了十次，有的人一辈子像只活了一天。生命无论丰富还是贫乏，它总是有限的，在我们有限的生命里，你有多少时光是为自己而活的？我们经常活在别人眼中的幸福里而忘了自己内心的感受，静下心来，慢慢思考，什么才是自己真正想要的。

去孤独地思考吧，它可以让混乱的心变得清澈。心底清澈之人才可把纷扰的世界看得清晰，以便走好自己的路。无须让别人知道你的愚蠢、你的天真、你的善良、你的幸运、你的倒霉以及你的痛苦，所有的情感都需要自己用心去品味，因为很多时候，情感一说出来便失去了它的本质，进而成为一种假象。学会用沉默去掩饰自己的情感，让自己变得睿智，变得知趣，变得更有内涵。

在物质世界中，享受孤独，是最后的清高，也是最后的自由。

一个喜欢独处的人一定具有自己独立的思想，在他的思想体系中，有他清晰的是非对错，轻重缓急，因此，他不会在意别人的眼光，不会因世俗的生活法则而影响自己的价值判断与处世方式。当他们独处的时候，不会感到寂寞，这也是一个具有独立思想的人最大的特征——自己很会与自己玩。与寂寞不同，孤独是一种状态，而寂寞则是一种负面情绪。思想匮乏者面对独处常表现出寂寞难耐，做什么事情都提不起兴趣，而思想丰富的人面对独处便可很好地与自己相处，总能找到让自己感到有趣的事情。

我有个朋友经常一个人坐在车里，他说：那时的我看似什么都没有，没人陪伴，没人在意，没人知道，但却也可以什么都拥有，连风都拥有，空气，自由，思想以及真实的自己和内心的世界。我始终觉得，与其违心赔笑，不如一人安静，低质量的社交永远不如高质量的独处。所以，独处的时候并非就是百无聊赖，对于有些人来说，独处一点也不可怕，相反还会很有意思，它是自我思考与自我提升的有效途径，怕的是身处不属于自己的人群中，虽高朋满座，但其实更显孤单，虚伪地应酬之后什么也得不到，徒留一身疲惫。

孤独者并非找不到玩伴，相反，只有孤独者才会有真正的朋友。朋友是什么？不是相互认识之后就能是朋友，不是在利益的驱动下搭建的关系网络，也不是因寂寞而迫不得已才聚在一起的无聊之人，而是在心与心的碰撞和融合之后方可称为朋友，如果你走不进对方的心里，那你们只能是认识，而非真正的朋友。孤独让我们认识自己，当你认识自己之后才能正确认识他人，从而辨别谁是与你同类型的人，谁是道不同不相为谋之人，当你学会取舍，你才能找到自己真正的朋友。因此，独处是相处的基础，有能力独处之后，才能真正与其他人好好相处。

朋友如此，恋人也是如此。生命如果不能浪费在喜欢的人身上，那还不如浪费在自己身上。与自己恋爱也好过廉价地出卖自己的灵魂。在感情的世界里，让自己沉浸在一个人的美好孤独之中，自由处置自己的灵魂，永远好过违心地回复毫无感觉的话语、碰触没有心动过的身体、浪费没有未来的时间。

爱是一种放大了的自由，而不是委曲求全地应付那些让你感到束缚的人。

既然如此，什么样的感情才是最好的感情呢？从古至今，人们一直标榜的就是爱起来要一生一世，最好的感情就是要执子之手与子偕老。但在现在的都市爱情中，最好的感情并不是执子之手与子偕老，而是在执子之手与子偕老的过程中还始终没有丢失各自的灵魂，依然可以互相理解、尊重、安适、融洽地对待彼此的人格，始终心存感恩地爱着对方，这样的执子之手、与子偕老才是最好的爱情。

执子之手只是爱情的开始，与子偕老只是爱情的结果，在这个过程当中，自己的感受才是最重要的，因为人与人从迅速“擦出火花”到“相看两相厌”太容易了。现在有太多的夫妻，明明已经没有了感情，但只要没有闹到天昏地暗的地步，他们就会想：就这样将就地过下去吧。因为他们终于绝望地意识到，要擦出火花容易，达到天长地久的契合实在太难，所以，就算这样的婚姻最终达到与子偕老的结局，那也并非就是最好的爱情。

无论是爱情还是生活，每个人都应该保持自己人格的独立，不仅有一个人对抗这个世界的勇气，也要有一个人感受这个世界的心情，基于这样的前提留下的感情，才能更长久。

网上有一段话说得很好：如果你笑，全世界都会陪着你笑，你给世界一缕阳光，世界还你一个春天。很多时候，我们都是在寂寞中行走、在孤独中思考的，不要期望他人来解读你的心灵，认同你的思想，要知道，你只是行走在世界的路上，而世界却给了你全部天空。

只有当你学会了如何独处，才能遇见更好的自己。或许你会意外地发现，孤独，是你离梦想最近的时候，因为每一个为梦想努力的人都是孤独的，他们的人生从不空虚寂寞，也没有痛苦和呻吟，只有闲着的人才会胡思乱想，愁容满面。在追逐梦想的路上，你只有抛开世俗杂念，全神贯注于自己脚下的路才能走到心中想去的地方。梦想让我们孤独，孤独让我们离梦想越来越近，孤独与梦想是相辅相成的关系，没有哪一件伟大的事业是脱离了孤独而追逐的。

孤独中藏有神秘的力量，可以让你脱胎换骨。因此，学会独处，是每个人成长中必不可少的能力，也只有在独处时，你才能认识自己，看清人生，学会成长。孤独就是这样神奇，你不理解它，它就不理解你，学会与它相处，它将教会你很多人生的道理。

与孤独同行，方能遇见更好的自己。

左小祺，你竟是这样的人 / 周大仙

谈起左小祺，挺纠结的，纠结着该怎样去描述这个家伙。

爱“作”，还小气！虽然这是他的自嘲，但不得不说还真符合事实，这方面他还挺有自知之明的。能准确了解自己还能毫无保留地表达自己的，也就这家伙了。

跳出体制，打造“左小祺书吧”个人品牌，出书走限量版路线，敢用标准的土话在大学演讲，不喜欢喝饮料却能把咖啡当水喝，最过分的是，曾经分手后痛苦得要得抑郁症，却没承想一顿烧烤、几瓶啤酒又让他满血复活了……似乎就没有他不能作的。另外，他还超级小气，在他的住所方圆几公里内少说有五六十家餐馆，他全吃过，而且没有一次是他自己买的单，70% 都是我请他吃的，“交友不慎”活该我倒霉。

“二”是青春的后遗症

自恋、“二”、神经质、高情商、反应快、有才华、幽默十足、文艺青年……这是我对他的印象，暂且用这些词语来概括我眼中的左小

祺吧。估计在他的印象里我也是这样吧，因为我俩很多方面都挺像的：都是水瓶座他只比我大七天，都是 AB 血型，都是搞笑无厘头，都是文艺骨子里透着年少轻狂，都是青春后期遗留着放荡不羁。

见到漂亮女生会脸红

我们几个兄弟在一起，左小祺是看着最小但实际年龄最大的，年龄最小的那个反而是最显老的。左小祺天生一副娃娃脸，用“少年”这个词形容他最合适不过了，他非常爱笑，一笑起来鱼尾纹都出来了，不知道这家伙有多能笑，笑点有多低。左小祺的很多朋友都说过这样一句话：左小祺笑起来和十年前一模一样，再过十年应该也是这样。

左小祺身上还有一个很有趣的现象，他见了陌生人，特别是陌生女生会害羞，有时候还会脸红，会羞答答地像个小女生，不知有多可爱，多有趣。但不要被他一时的可爱有趣给欺骗了，只要他跟你聊熟了，不管你是谁，他都会聊到你怀疑人生，很“二”，很肆无忌惮，很放荡不羁。

“损人不利己”是我们最大的乐趣

他情商很高，高得简直能达到我的境界了（自恋一下）。他反应速度很快，脑袋很活。许多东西他学得也挺快，是一个只要肯努力就能当学霸的人，可他偏偏当了个学渣！听说他在中学时代就“作”到无敌：中考考场上就敢睡觉，最后是监考老师把他叫醒的，上了高中就敢强吻校花，敢和老师拍桌子瞪眼，很奇怪的是他当时居然没被打。他很喜欢损人，但并不针对人，纯属开玩笑，“损人不利己”是我俩最大的乐趣，他是我唯一的对手，我俩在一起的时候就喜欢互损，他损我，我损他，一人一句互不相让，基本我俩能打个平手。但是当除了我俩以外还有其他人在场的时候，那另外的人就要小心了，我俩会十分默契地合起伙来“攻击”另一个人，几乎没人敢和我俩打嘴仗。

段子手是个好保姆

左小祺是一个超级段子手，他嘴里会不时地冒出一两句段子来，有时候让人捧腹大笑，有时候让人哭笑不得。他经常把我放进段子里，有时真想揍他，要不是因为打不过他，估计我早和他翻脸了。当然，你和他在一起会很开心，他的笑话、段子好像永远讲不完，永远都有新花样。

他的心思很细腻，关心朋友，还会照顾人，是个好孩子，以后放到家里也应该会是个好保姆。

我们都是山东的纯老爷们儿

我认识左小祺将近三年了。2015 年初，我只身来到北京打拼，那时候便通过朋友认识了这个斯斯文文的家伙。开始是挺斯斯文文的，后来发现被他骗了，熟了之后没少受他欺负。再后来，就发现我俩意趣相合，聊天也十分投机，又都是山东老乡，是个可以一起“疯”的人，所以就一直“斗”下去了。

我俩在一起只追求快乐舒心的生活，一起偷偷看美女，一起疯狂地撸串，还一起去发挥正能量……

不要在朋友圈发合照

最气人的是，每当我发朋友圈的时候，只要有他的照片，总有女生会问：那个小哥哥是谁，好帅呀，能不能推荐个微信给我。每当我看到这些，嫉妒的小火苗就“噌噌”往外蹿。帅能当饭吃吗？还真能！我的很多异性朋友都成了他的粉丝，都买了他那本贵得要死却卖得很火的书——《还我一个飞扬跋扈的青春》。他的书是限量版，价格比市面上同类型的书贵几块钱，而且现在很难买到。

很多朋友看了他的书之后，都对我说他们看哭了，这就是左小祺的才华，自恋也是有资本的，人长得帅，又会写书，总觉得他不应该缺少女朋友，但他确实受过一段感情的伤，之后又单身了许久。有人说他生来命犯桃花，可他却在命犯桃花的时候选择千里独行。

我想拿他本书来看，他很客气地说你要几本随便拿，第一次见他如此大方，我也不能错失良机，就从他书柜里拿了三本。让我想不到的是，转身我就看到左小祺这小子把我钱包拿去，很自觉地从里面拿走了100块钱，抢劫啊！他这个名字真是没叫错，左小祺，就是作小气、作小气！后来，我才明白了他的小气，他把自己的稿费和卖书挣的钱全部投到了公益项目里，还创办了“左小祺公益书吧”线下体验店，是与北京五棵松“一半一伴”咖啡馆合作的，旨在让人们有一个免费阅读的环境，促进大众养成读书学习的好习惯。

他说：有多大能力做多大公益，如果以后书卖得更好了，就多开几家。

其实写到这里我都不知道该如何去描述左小祺了，因为他一直在“变好”的路上走着。

江湖水太深，交友须谨慎，但左小祺这个“损友”，我愿去交一辈子。